今すぐ使える
かんたんbiz

Excel
文書作成
効率UPスキル
大全

著

門脇香奈子

技術評論社

本書の使い方

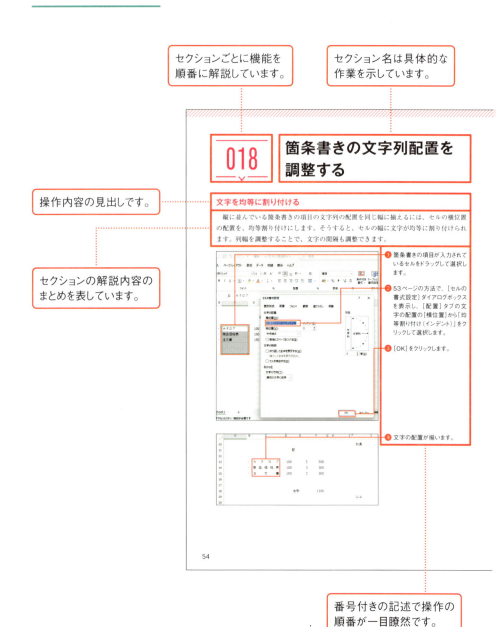

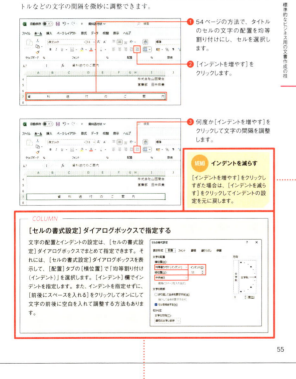

サンプルファイルのダウンロード

本書の解説内で使用しているサンプルファイルは、以下のURLのサポートページからダウンロードできます。ダウンロードしたときは圧縮ファイルの状態なので、展開してからご利用ください。ここでは、Windows 11のMicrosoft Edgeを使ってダウンロード・展開する手順を解説します。

https://gihyo.jp/book/2025/978-4-297-14824-9/support

手順解説

❶ Webブラウザー（画面はMicrosoft Edge）を起動し、アドレス欄に上記のURLを入力して、Enterキーを押します。

❷ ［ダウンロード］欄にあるサンプルファイル［bizExcelbun_sample.zip］をクリックします。

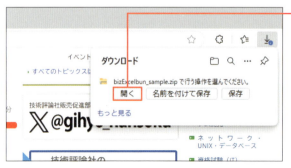

❸ ダウンロードが行われます。ダウンロードが完了したら、［開く］をクリックします。

MEMO ダウンロード画面

ダウンロードしたファイルが画面から消えてしまったときは、…をクリックして［ダウンロード］をクリックすると表示されます。

④ エクスプローラーが表示されるので、表示されたフォルダーをクリックします。

⑤ [すべて展開]をクリックします。

⑥ [参照]をクリックします。

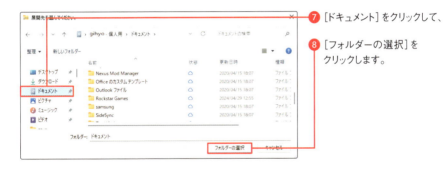

⑦ [ドキュメント]をクリックして、

⑧ [フォルダーの選択]をクリックします。

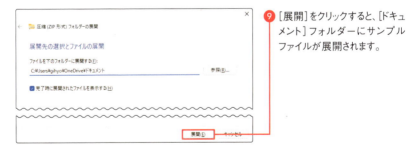

⑨ [展開]をクリックすると、[ドキュメント]フォルダーにサンプルファイルが展開されます。

> **MEMO** サンプルファイルのファイル名
>
> サンプルファイルのファイル名には、Section番号が付いています。たとえば「Sec011_Before_資料送付状.xlsx」というファイルを開くと、Sec.011の操作を開始する前の状態になっています。また、「Sec011_After_資料送付状.xlsx」のように「After」が付いたファイルを開くと、操作を実行したあとの状態になっています。なお、一部のセクションにはサンプルファイルがありません。また、BeforeファイルがないセクションもあAります。

目次

本書の使い方 …………………………………………………………………… 2
サンプルファイルのダウンロード ……………………………………………… 4

Excel文書作成の基本の技

SECTION 001 Excelで文書を作成するメリットを知る ……………………… 16
　Excelで文書を作成する
　計算ができる
　グラフを作成できる
　セルを利用して比較的自由にレイアウトできる
　入力規則を設定できる
　入力項目以外入力できないように保護もできる
　集計・並べ替えがかんたん
　条件付き書式で項目を強調できるなど
　文書作成の流れ

SECTION 002 ページ区切りを目安にする ………………………………… 20
　表示モードの種類を知る
　表示モードを切り替える
　改ページプレビューモードに切り替える
　改ページ位置を確認する

SECTION 003 セルをレイアウトに利用する ……………………………… 24
　セルを利用して文字を入力する
　列や行を追加／削除する
　列や行を移動／コピーする
　セルを結合する

SECTION 004 データを効率良く入力する ………………………………… 28
　文字や日付を入力する
　数値を入力する
　文字情報、書式情報のみをコピーする
　ドラッグ操作でデータを入力する
　ユーザー設定リストについて

SECTION 005 入力規則でデータ表記を統一する ………………………… 32
　入力規則について
　その他の入力支援機能について

SECTION 006 計算式を効率よく入力する ………………………………… 34
　計算式の入力手順
　関数とは？
　スピルって何？
　スピルを使った計算式を入力する

CONTENTS

 標準的なビジネス用の文書作成の技

SECTION 007	この章で作成する文書	40
シンプルなビジネス文書
表が入ったビジネス文書

SECTION 008	標準的なビジネス文書の構成を確認する	42
ビジネス文書の形式について

SECTION 009	印刷の向きと用紙サイズを設定する	43
印刷の向きとサイズを確認する

SECTION 010	日付、宛名、差出人を入力する	44
日付や文字を入力する

SECTION 011	文書のタイトルを入力する	45
タイトルを入力する

SECTION 012	本文を入力する欄を作成する	46
セルを結合して行の高さを調整する

SECTION 013	本文を折り返す、改行しながら入力する	47
改行しながら入力する

SECTION 014	箇条書きを入力する	48
箇条書きの文字を入力する
かんたんな計算式を入力する

SECTION 015	列幅を調整する	50
箇条書きの字下げの位置を調整する
複数の列の列幅を調整する

SECTION 016	差出人や結語を右揃えにする	52
文字列の右端を揃える

SECTION 017	本文の文字の両端を揃える	53
文字列の両端の位置を揃える

SECTION 018	箇条書きの文字列配置を調整する	54
文字を均等に割り付ける
文字の間隔を適度に調整する

SECTION 019	本文と箇条書きの行間を調節する	56
本文の行間を広くする
箇条書きの行間を広くする

SECTION 020	文章全体のフォントやフォントサイズを変更する	58
フォントやフォントサイズを変更する
タイトルのフォントサイズを変更する

目次

SECTION 021 タイトルの書式を変更する ⋯⋯⋯⋯⋯⋯⋯⋯⋯⋯ 60
タイトルを太字にする
タイトルの文字の色を変更する

SECTION 022 日付を和暦で表示する ⋯⋯⋯⋯⋯⋯⋯⋯⋯⋯⋯⋯ 62
日付を和暦で表示する
シリアル値って何？
時刻は小数点で表す

SECTION 023 日付を「○年○月○日」形式で表示する ⋯⋯⋯⋯ 64
日付の表示方法を指定する
ユーザー定義の表示形式の指定方法を知る

SECTION 024 今日の日付を表示する ⋯⋯⋯⋯⋯⋯⋯⋯⋯⋯⋯⋯ 66
今日の日付を自動的に表示する

SECTION 025 数値に桁区切りを表示する ⋯⋯⋯⋯⋯⋯⋯⋯⋯⋯ 67
数値に桁区切りカンマを表示する

SECTION 026 数値を「○個」などの形式で表示する ⋯⋯⋯⋯⋯⋯ 68
数値の表示形式を指定する
表示形式を設定する

SECTION 027 リンクを設定・解除する ⋯⋯⋯⋯⋯⋯⋯⋯⋯⋯⋯⋯ 70
リンクを解除する

SECTION 028 強調したいセルの塗りつぶしの色を変更する ⋯⋯ 71
セルの塗りつぶしの色を指定する

SECTION 029 罫線を引いて項目を強調する ⋯⋯⋯⋯⋯⋯⋯⋯⋯ 72
罫線を表示する

SECTION 030 スペルチェックをする ⋯⋯⋯⋯⋯⋯⋯⋯⋯⋯⋯⋯ 74
スペルミスをチェックする

SECTION 031 アクセシビリティチェックをする ⋯⋯⋯⋯⋯⋯⋯ 75
読みづらい文字がないか確認する

SECTION 032 文書に名前を付けて保存する ⋯⋯⋯⋯⋯⋯⋯⋯⋯ 76
名前を付けて保存する
保存したファイルを開く

SECTION 033 文書をテンプレートとして保存する ⋯⋯⋯⋯⋯⋯ 78
テンプレートとして保存する
テンプレートを使用する

SECTION 034 文書をPDF形式で保存する ⋯⋯⋯⋯⋯⋯⋯⋯⋯⋯ 80
PDF形式で保存する
保存したファイルを開く

SECTION 035 文書を印刷する ⋯⋯⋯⋯⋯⋯⋯⋯⋯⋯⋯⋯⋯⋯⋯⋯ 82
印刷イメージを確認する
［ページ設定］ダイアログボックスを表示する

SECTION 036 用紙に収めて印刷する ⋯⋯⋯⋯⋯⋯⋯⋯⋯⋯⋯⋯ 84
表を縮小して用紙の幅に収める

CONTENTS

第3章 複雑なレイアウトの文書作成の技

SECTION **037** この章で作成する文書 ··· 88
複雑なレイアウトの文書
縦書きや横書きが混在したチラシ
グラフが入った文書

SECTION **038** セルを結合して文書のレイアウトを整える ············ 90
セルの書式設定
項目を入力する
セルを結合する

SECTION **039** 文字を縦書きにする ······································· 94
文字の方向を変更する
配置を調整する

SECTION **040** 罫線で押印欄を作成する ································· 96
ドラッグ操作で罫線を引く
斜めの線を引く

SECTION **041** 文書全体のデザインを一括で変更する ·············· 98
テーマについて
テーマを変更する

SECTION **042** 文書に画像を挿入する ··································· 100
画像を追加する
画像の配置を変更する

SECTION **043** 画像を編集する ··· 102
画像のスタイルを変更する
画像の明るさを変更する

SECTION **044** オンライン画像を利用する ····························· 104
画像を検索して追加する

SECTION **045** アイコンを利用する ······································· 106
アイコンを追加する
アイコンの色を変更する

SECTION **046** テキストボックスや図形を追加する ················· 108
テキストボックスを追加する
図形をセルの枠にぴったり合わせて配置する

SECTION **047** テキストボックスで自由に文字を配置する ·········· 110
図形の上下左右の余白を指定する
文章を2段組みにする
タブで文字の先頭位置を揃える
行や文字の間隔を調整する

9

目次

箇条書きの行頭文字を設定する
インデントを設定する

SECTION **048** 写真に文字を重ねる 116
図形を半透明にして画像に重ねる
図形の周囲をボカして表示する

SECTION **049** デザイン効果を加えたタイトルを作る 118
ワードアートを追加する
ワードアートのスタイルを変更する

SECTION **050** 記号や特殊文字を入力する 120
記号を入力する
絵文字や特殊文字を入力する

SECTION **051** 図表を挿入する 122
SmartArtを追加する
図のデザインを変更する

SECTION **052** グラフを挿入する 124
グラフを追加する
グラフの構成を確認する

SECTION **053** 円グラフを編集する 126
データラベルを追加する
データラベルの表示方法を調整する
凡例を削除してグラフを大きく表示する
グラフにメモを追加する

SECTION **054** 棒グラフを編集する 130
棒グラフを作成して軸の単位を指定する
棒グラフを編集する

SECTION **055** 折れ線グラフを編集する 134
折れ線グラフを作成する

SECTION **056** スパークラインで推移や勝敗を表す 136
スパークラインを設定する
スパークラインのスタイルを変更する

第4章 自動計算や入力規則を使う文書作成の技

SECTION **057** この章で作成する文書 140
計算式が入った請求書
入力ルールを設定したタスク管理表

CONTENTS

SECTION **058** 価格と数量から金額を計算する ⋯⋯⋯⋯⋯⋯ 142
計算式を入力する
計算式を修正する

SECTION **059** 金額の合計を別のセルに表示する ⋯⋯⋯⋯⋯ 144
計算式を入力する
その他の計算式を入力する

SECTION **060** 消費税を計算する ⋯⋯⋯⋯⋯⋯⋯⋯⋯⋯⋯ 146
消費税を計算する

SECTION **061** 小計と合計を計算する ⋯⋯⋯⋯⋯⋯⋯⋯⋯ 148
計算式を入力する

SECTION **062** 商品の品番から商品名を表示する ⋯⋯⋯⋯⋯ 150
別表から情報を参照する
XLOOKUP関数を入力する
VLOOKUP関数を入力する

SECTION **063** エラーや「0」を非表示にする ⋯⋯⋯⋯⋯⋯⋯ 156
VLOOKUP関数でエラーが表示される

SECTION **064** 計算式が編集されないよう保護する ⋯⋯⋯⋯ 158
セルのロックをオフにする
シートを保護する

SECTION **065** シートをコピーして似たような文書を作成する ⋯⋯ 160
シートをコピーする
複数のシートに同じデータを入力する

SECTION **066** 指定した日付までの日数を表示する ⋯⋯⋯⋯ 162
残日数を求める

SECTION **067** 特定期間の日付のみ入力できるようにする ⋯⋯ 164
指定した日付以降を入力できるようにする
入力値の種類

SECTION **068** 入力時に案内メッセージを表示する ⋯⋯⋯⋯ 166
入力時にメッセージを表示する
エラー発生時のメッセージを表示する

SECTION **069** リストから項目を選択できるようにする ⋯⋯⋯ 168
入力時に入力候補を表示する

SECTION **070** 半角英数字と日本語の入力を自動で切り替える ⋯⋯ 170
日本語入力モードを自動的に切り替える
入力規則のルールを削除する

SECTION **071** 文書にパスワードを設定する ⋯⋯⋯⋯⋯⋯⋯ 172
パスワードを設定する
パスワードを入力してファイルを開く

11

目次

第5章 リストや自動書式を利用した文書作成の技

SECTION 072　この章で作成する文書 …………………………………………………… 176
　　　　　　　データを整理して活用するリスト
　　　　　　　条件に一致するデータを自動的に強調するリスト
SECTION 073　顧客番号で「0001」表示する ……………………………………………… 178
　　　　　　　数字を入力する
　　　　　　　エラーについて
SECTION 074　名前のふりがなを自動で表示する ………………………………………… 180
　　　　　　　ふりがなを別のセルに表示する
　　　　　　　文字の種類を変更する
SECTION 075　郵便番号から住所を自動入力する ………………………………………… 182
　　　　　　　郵便番号から住所を入力する
SECTION 076　連続データをかんたんに入力する ………………………………………… 184
　　　　　　　オートフィルとは
　　　　　　　文字を入力する
　　　　　　　日付を入力する
　　　　　　　数値を入力する
　　　　　　　指定した項目を順に入力する
SECTION 077　氏名を姓と名に分割する …………………………………………………… 188
　　　　　　　規則性のある文字を自動入力する
　　　　　　　フラッシュフィル機能を手動で実行する
SECTION 078　表のデータを並べ替える …………………………………………………… 190
　　　　　　　データを並べ替える
　　　　　　　複数の条件でデータを並べ替える
SECTION 079　条件に一致するデータのみ表示する ……………………………………… 192
　　　　　　　条件に一致するデータのみ表示する
SECTION 080　テーブルでデータを手軽に活用する ……………………………………… 194
　　　　　　　セル範囲をテーブルに変換する
　　　　　　　テーブルを利用する
SECTION 081　表の先頭行や列を固定表示する …………………………………………… 196
　　　　　　　ウィンドウ枠を固定する
　　　　　　　ウィンドウを分割する
SECTION 082　重複データを削除する ……………………………………………………… 198
　　　　　　　重複データを削除する
　　　　　　　重複データを省いた内容をほかのセルに表示する

12

CONTENTS

SECTION 083	条件に一致するデータを自動的に強調する	200
	条件に一致するデータを強調する	
	条件の指定方法を知る	
SECTION 084	条件に一致するデータの行全体を強調する	202
	条件に一致するデータの行全体を強調する	
SECTION 085	データの大きさの違いを棒の長さで表す	204
	データの大きさを棒の長さで表示する	
	条件を変更する	
SECTION 086	データの大きさに応じてアイコンを表示する	206
	データの大きさをアイコンの違いで表示する	
	条件を変更する	

Excelで作成した文書の印刷の技

SECTION 087	表を拡大して印刷する	210
	拡大／縮小の設定をする	
SECTION 088	表を用紙の中央に印刷する	211
	ページの中央に印刷する	
SECTION 089	一部だけを印刷する	212
	印刷範囲を設定する	
	選択範囲を印刷する	
SECTION 090	2ページ目以降にも表の見出しを印刷する	214
	印刷イメージを確認する	
	印刷タイトルを設定する	
SECTION 091	改ページ位置を指定する	216
	改ページ位置を調整する	
SECTION 092	ヘッダーやフッターに日付などを表示する	218
	ヘッダーやフッターを指定する	
SECTION 093	余白を調整する	220
	余白の位置を指定する	
	索引	222

ご注意：ご購入・ご利用の前に必ずお読みください

本書に記載された内容は、情報の提供のみを目的としています。したがって、本書を用いた運用は、必ずお客様自身の責任と判断によって行ってください。これらの情報の運用の結果について、技術評論社および著者はいかなる責任も負いません。

● ソフトウェアに関する記述は、特に断りのないかぎり、2025年3月現在での最新バージョンをもとにしています。ソフトウェアはアップデートされる場合があり、本書の説明とは機能内容や画面図などが異なってしまうこともあり得ます。あらかじめご了承ください。

● 本書は、Windows 11およびExcel 2024の画面で解説を行っています。これ以外のバージョンでは、画面や操作手順が異なる場合があります。

● インターネットの情報については、URLや画面などが変更されている可能性があります。ご注意ください。

以上の注意事項をご承諾いただいた上で、本書をご利用願います。これらの注意事項をお読みいただかずに、お問い合わせいただいても、技術評論社および著者は対処しかねます。あらかじめご承知おきください。

■ 本書に掲載した会社名、プログラム名、システム名などは、米国およびその他の国における登録商標または商標です。本文中では™、®マークは明記しておりません。

第 **1** 章

Excel文書作成の
基本の技

001 Excelで文書を作成する メリットを知る

Excelで文書を作成する

　本書では、Excelを使用して文書を作成する方法を紹介します。Excelは、計算表やグラフを作成したり、データ分析をしたりするのが得意なアプリですが、文章を含むさまざまな文書も作成できます。文書作成の過程では、Excelの多彩な機能を便利に活用できます。このSectionでは、Excelで文書を作成するときに利用できる便利な機能などを紹介します。

　文書を作成するには、文書作成用のWordなどのアプリを利用した方が良いのでは？と思う方も多いでしょう。確かに、Wordを利用すると、文書を入力するときに便利な入力支援機能を利用できます。長文を作成したり管理するのに便利な機能なども豊富に用意されています。Wordの操作に慣れている人は、Wordを利用する方が効率よく作成することができるでしょう。しかし、文書の内容によっては、Excelで作成する方が便利なケースもあります。作成する文書の内容などに合わせて使い分けられれば、文書作成作業を効率よく行うことができるでしょう。

　なお、本書では、本来はWordで作成した方が適している文書でも、何らかの理由で、Excelで文書を作成する必要がある場合や、Excelで作成された文書を修正する場合に役立つ機能なども紹介します。

計算ができる

　Excelでは、さまざまな計算を実行できます。計算の元の数値が変更された場合は、すぐに再計算されますので、常に最新の状態を確認できます。計算表を多く含む文書では、Excelを効果的に利用できます。

グラフを作成できる

　計算表を元にさまざまなグラフをかんたんに作成できます。計算の元の数値が変更された場合は、グラフの内容も瞬時に代わります。Excelを利用すれば、グラフを含む文書を作成できます。

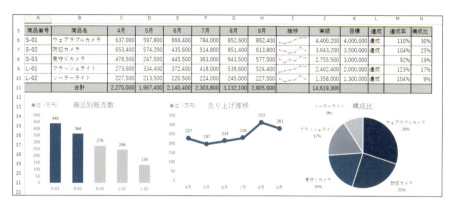

セルを利用して比較的自由にレイアウトできる

　Excelでは、セルに表の項目や数値などを入力して計算表を作成します。複数のセルを結合することもできるので、セルを利用することで、複雑なレイアウトの表も作成できます。

入力規則を設定できる

　データを入力するときのルールを指定できます。たとえば、このセルには、指定した範囲の数値や日付を入力できるようにする、選択肢の中から入力できるようにするなど決められます。ルールに合わないデータは、入力できないように制御できるので、複数の人で同じ文書を利用する場合などに、表記を統一できて便利です。

入力項目以外入力できないように保護もできる

　シートを保護してセルにデータを入力できないようにすることができます。指定したセルのみ入力を許可したり、パスワードを知っている人だけが入力できるしくみを作っ

たりすることも可能です。複数の人で同じ文書を利用する場合などに、誰かがうっかり文書を書き換えてしまったりするのを防ぐことができます。

集計・並べ替えがかんたん

Excelは、データを集めて活用することも得意なアプリです。データの並べ替えや抽出、集計などもかんたんに実行できるので、顧客名簿やセミナー一覧などのリストを含む文書を作成するときも便利です。

条件付き書式で項目を強調できるなど

条件に合うデータが入力されているセルを自動的に目立たせる条件付き書式を指定できます。これを利用すれば、セルに入力されている値を判断してデータの大きさに応じて異なるアイコンを表示したり、棒グラフのような棒を表示したりもできます。表の数値を視覚化してわかりやすく整理して表示するのに役立ちます。

文書作成の流れ

文書を作成するときの手順を確認しておきましょう。作成する文書のレイアウトや用途によって、作業内容は異なりますので、作成する文書をイメージして作業を進めていきましょう。必要に応じてさまざまな設定を行います。

COLUMN

こんな場合はWordを使う方が便利

計算表がメインの請求書などの文書、リスト形式でデータを管理する顧客リストなどの文書、複数の計算表やグラフを含む文書などは、Excelで作成するメリットが多くあります。

写真や画像を含むチラシなどは、WordでもExcelでも同じような方法で作成できます。Excelを使用する場合は、写真や図形などを自由に配置しながらレイアウトを整えられます。Wordを使用する場合は、写真の追加したあとに、自由に移動できるように文字列の折り返し位置を変更するなどひと手間がかかる場合がありますが、用紙の区切りが明確なので印刷時のイメージがわかりやすくて良いでしょう。

また、一般的なビジネス文書や、何ページにもわたる長文の文書などは、無理にExcelで作成せず、Wordを利用した方が効率よく作成できます。特に、操作説明書などの長い文書などは、Wordの利用が欠かせません。参照ページのページ番号を自動で表示したり、見出しを元に目次を作成したりするなど、Wordの便利な機能を活用できます。

複数の表やグラフを含む長文を作成する場合はどうでしょうか?その場合も、Wordを利用したほうが便利です。Wordにも表やグラフを作成する機能がありますが、Excelで作成した表やグラフをWordに貼り付けて利用することもできます。

Excelを使うと便利な文書例

- 計算表がメインの請求書や納品書
- データがメインの顧客リスト
- 複雑な計算表を含む文書

Wordを使った方が良い文書例

- 一般的なビジネス文書
- 画像や図を含むチラシ
- 複数ページにわたる冊子

1. 用紙の向きを決める

Excelでは、印刷したときのページの区切りが画面にはっきり表示されないため、まずは、用紙の向きを決めて、ページが区切られる位置を確認しておきましょう。ページの区切りがわかれば、文字を入力するときの位置の目安になります。

2. 列幅を変更する

ビジネス文書などのシンプルな文書を作成する場合は、箇条書きの文字の位置を目安に列幅を調整しておきます。表が入った文書を作成する場合は、表のレイアウトに合わせて列幅を調整します。

3. 文字や計算式の内容などを入力する

文書の内容や計算式などを入力します。ビジネス文書などの本文を入力する場合は、セルを結合して大きな枠を作り、文章を入力します。必要に応じて、グラフなども作成します。

4. セルの書式を整える

文字やセルの書式を設定したり、グラフの書式などを設定したりして文書の見栄えを整えます。また、文字の配置を整えたり、数値や日付の表示方法などを指定したりします。

COLUMN

必要に応じて設定しよう

作成する文書によっては、次のような設定を行います。見栄え良く、使い勝手のよい文書になるように調整しましょう。

さまざまな設定

設定	内容
条件付き書式の設定	指定したデータが自動的に強調されるように、条件付き書式を設定します。
入力規則の設定	セルにデータを入力するときのルールを指定します。
シートの保護	作成した文書をうっかり書き換えられないようにシートを保護します。指定したセルのみ編集できるようにもできます。
文書の保護	必要に応じて、文書にパスワードを設定します。パスワードを知らない人は、文書を開けないようにします。
印刷の設定	文書を印刷する場合は、ヘッダーやフッターの設定、余白の設定などを行います。
テンプレートとして保存	文書の原本を用意したい場合は、文書をテンプレートとして保存します。

002 ページ区切りを目安にする

表示モードの種類を知る

　Excelで作業をするときは、一般的に「標準」という表示モードで行います。「標準」は、表やグラフを手早く作成するのに便利な表示モードですが、ページの区切りが表示されないため、印刷時のイメージがわかりづらい面もあります。Excelには、複数の表示モードが用意されています。操作に応じて、表示モードを切り替えて作業することで、効率よく編集できます。各表示モードの特徴を知っておきましょう。

表示モード

表示モード	内容
標準	文書を作成するときに、通常使用する表示モードです。
ページレイアウト	印刷イメージを確認しながら文書を作成するときに使用します。
改ページプレビュー	改ページ位置を確認したり、変更したりするときに使用します。

「標準」表示モード

表示モードを切り替える

　表示モードを切り替えるには、[表示]タブから操作します。また、ステータスバーのボタンから切り替えることもできます。

❶ [表示]タブをクリックします。

❷ [ページレイアウトビュー]をクリックします。

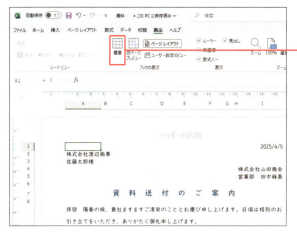

❸ ページレイアウト表示に切り替わりました。[標準ビュー]をクリックします。

❹ 標準表示に戻ります。

> **MEMO ユーザー設定のビュー**
>
> ユーザー設定のビューは、画面の表示状態や印刷時の設定などのパターンを登録して、表示をかんたんに切り替えられるようにするときに使用するものです。

改ページプレビューモードに切り替える

　文書を印刷したときの、改ページの位置を確認したり調整したりするには、「改ページプレビュー」表示を利用すると便利です。改ページプレビュー表示では、印刷される範囲とそうでない範囲をひと目で確認できます。また、改ページされる位置を確認して改ページ位置をずらしたり、改ページ位置を追加したり削除したりすることができます。

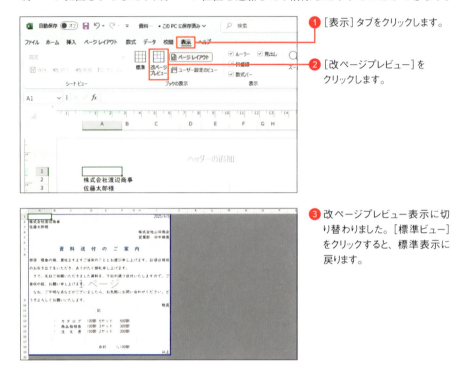

❶ [表示] タブをクリックします。

❷ [改ページプレビュー] をクリックします。

❸ 改ページプレビュー表示に切り替わりました。[標準ビュー] をクリックすると、標準表示に戻ります。

COLUMN

印刷プレビュー

印刷したときのイメージを確認するには、[ファイル] タブをクリックし、Backstageビューの [印刷] をクリックします。印刷プレビュー画面では、印刷時の設定ができます。また、[ページ設定] をクリックすると、詳細の設定画面が表示されます。

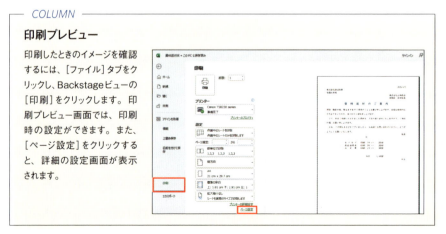

改ページ位置を確認する

　改ページプレビュー表示の見方を確認しておきましょう。印刷される範囲は白、印刷されない範囲はグレーで表示されます。また、改ページ位置を示す線が表示されます。改ページ位置を変更する方法は、6章で紹介しています。

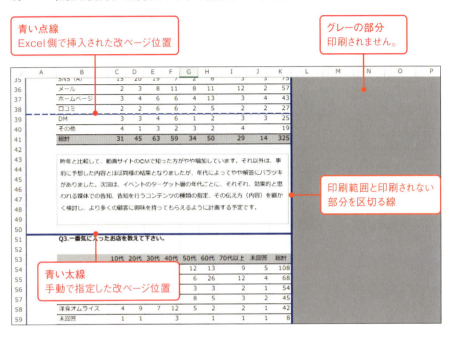

青い点線
Excel側で挿入された改ページ位置

グレーの部分
印刷されません。

印刷範囲と印刷されない部分を区切る線

青い太線
手動で指定した改ページ位置

 改ページを示す点線

改ページプレビューモードを表示したあと、標準表示に戻ると、改ページ位置を示すグレーの点線が表示されます。グレーの点線は、印刷はされません。

COLUMN
ステータスバーから切り替える

ステータスバーには、表示モードを切り替えるボタンが表示されています。ステータスバーのボタンを利用すると、[表示]タブが表示されていない場合でもかんたんに切り替えられます。

003 セルをレイアウトに利用する

セルを利用して文字を入力する

　Excelでは、表を作成するのに、セルに表の項目や数値などを入力します。セルは、行と列によって区切られた小さなマス目です。文書を作成するときは、セルの存在を利用して、文字の先頭位置を揃えたり、入力欄を作成したりできます。

　セルの大きさを変更するには、列の幅や行の高さを変更したり、複数のセルを1つに結合したりする方法があります。行や列の扱いや、セルの結合について知っておきましょう。列幅を変更する操作は2章で紹介します。

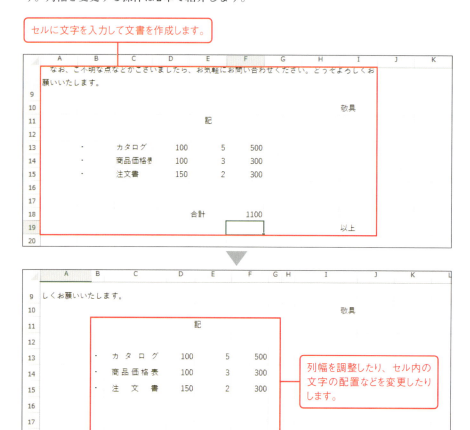

列や行を追加／削除する

　列や行に関する操作をするときは、まず、対象の列や行を選択します。続いて、選択した列や行の列番号や行番号を右クリックして操作を選択しましょう。列や行を追加する場合は［挿入］、削除する場合は［削除］をクリックします。複数の列や行をまとめて追加するには、最初に複数の列や行を選択してから操作します。

1. 追加したい場所の列番号を右クリックします。行の場合は、行番号を右クリックします。

2. ［挿入］をクリックします。

3. 列や行が追加されます。

4. ［挿入オプション］をクリックすると、左右（上下）どちら側の書式や列幅（行の高さ）を適用するか選択できます。

5. 列や行が追加されます。

MEMO ［挿入オプション］の表示

［挿入オプション］は、追加した列（行）の左右（上下）の列（行）の書式や列幅（行の高さ）が異なる場合に表示されます。

列や行を移動／コピーする

　列や行を移動したり、コピーしたりする方法は、いくつかあります。ここでは、ドラッグで操作する方法を紹介します。この方法は、移動先やコピー先の目安になる線を確認しながら操作できます。

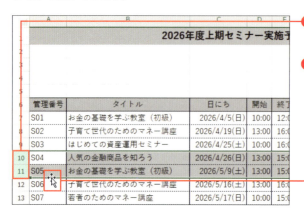

❶ 移動したい行を選択します。列の場合は、列を選択します。

❷ 選択された行を示す上下の線、列の場合は、選択された列を示す左右の線にマウスポインターを移動します。

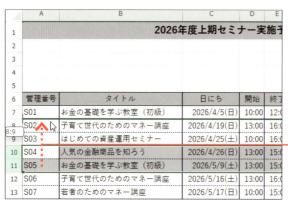

❸ Shift キーを押しながら移動先にドラッグします。

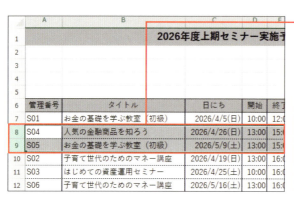

❹ 行が移動しました。

> **MEMO　コピーする**
>
> 列や行をコピーするには、手順❷で Shift キーと Ctrl キーを押しながらドラッグします。コピー先を示す線を目安に操作します。

セルを結合する

　複数のセルを一つにまとめるにはセルを結合する方法があります。それには、対象のセルを選択して[ホーム]タブのボタンで操作します。セルを結合する方法は、3章で紹介しています。

　なお、セルを結合する操作は、文字を入力する前に行うとよいでしょう。選択したセルにそれぞれ文字が入力されている状態でセルを結合した場合、左上のセルに入力されていた文字が残り、それ以外の文字は消えてしまうので注意します。

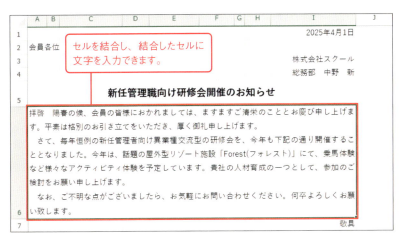

COLUMN

テキストボックスを活用する

セルの位置を無視して自由に文字を入力するには、テキストボックスなどの図形を描いて、図形に文字を入力する方法があります。文章を縦書きにしたり、2段組みにしたりすることもできます。

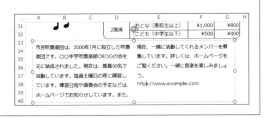

COLUMN

写真や図形、図などを配置する

写真や図形、図などは、セルの位置に関わらず、ワークシートに自由に配置できます。チラシなどを作成する場合は、写真、文字を入力した図形、SmartArtを使用した図、ワードアートを利用した飾り文字などを配置してレイアウトを整えます。また、Excel 2024やMicrosoft 365のExcelなどを使用している場合は、写真をセルに固定して配置することもできます。

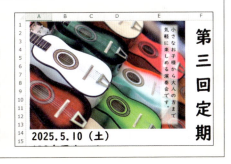

004 データを効率良く入力する

文字や日付を入力する

　Excelを起動した直後は、日本語入力モードがオフになっています。日本語を入力するときは日本語入力モードをオンにして入力します。日付や数値、計算式などを入力するときは、日本語入力モードをオフにして入力するとよいでしょう。文字を決定するために Enter キーを押す操作を割愛できるので、効率よく入力できます。

　複数のセルに同じ文字や日付、数字などをまとめて入力するときは、データの入力後に Ctrl + Enter を押します。

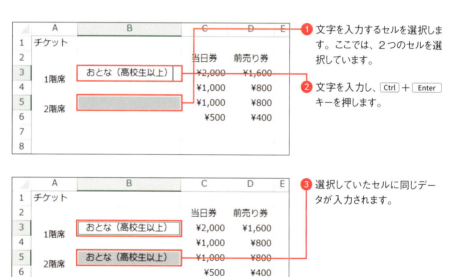

❶ 文字を入力するセルを選択します。ここでは、2つのセルを選択しています。

❷ 文字を入力し、Ctrl + Enter キーを押します。

❸ 選択していたセルに同じデータが入力されます。

> **MEMO 日付の入力**
>
> 日付を入力するときは、年や月、日を「/」や「-」で区切って入力します。「12/5」のように年を省略して入力すると、今年の「12/5」の日付が入力されます。なお、日付の表示形式は、あとから変更できます。

数値を入力する

　まとまったセル範囲に数値を入力する場合は、最初に対象のセル範囲を選択してから入力すると良いでしょう。データを入力して Enter キーを押す操作を繰り返すと、選択したセル範囲内をアクティブセルが移動するので、アクティブセルを移動する手間を軽減することができます。

　なお、アクティブセルとは、現在作業の対象になっているセルです。1つのセルのみ選択しているときは、アクティブセルの周りに枠が表示されます。セル範囲を選択しているときは、選択しているセル範囲の周囲に枠が表示され、選択している部分はグレーで表示されます。その中の背景が白いセルがアクティブセルです。

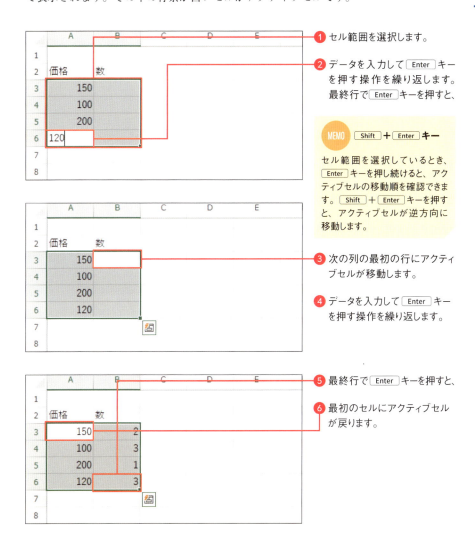

❶ セル範囲を選択します。

❷ データを入力して Enter キーを押す操作を繰り返します。最終行で Enter キーを押すと、

MEMO　Shift ＋ Enter キー

セル範囲を選択しているとき、Enter キーを押し続けると、アクティブセルの移動順を確認できます。Shift ＋ Enter キーを押すと、アクティブセルが逆方向に移動します。

❸ 次の列の最初の行にアクティブセルが移動します。

❹ データを入力して Enter キーを押す操作を繰り返します。

❺ 最終行で Enter キーを押すと、

❻ 最初のセルにアクティブセルが戻ります。

文字情報、書式情報のみをコピーする

　セルに入力したデータをコピーして貼り付ける方法は複数あります。たとえば、[ホーム]タブのボタンを使用して実行できます。セルには、データ以外にも書式を設定できます。セルをコピーして貼り付けると、通常は、データと書式が貼り付けられます。データのみ、書式のみを貼り付けることもできます。

　なお、書式情報のみを貼り付けるには、[書式のコピー／貼り付け]ボタンを使う方法もあります（61ページ参照）。

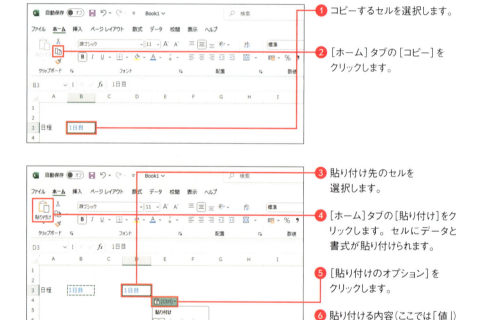

❶ コピーするセルを選択します。

❷ [ホーム]タブの[コピー]をクリックします。

❸ 貼り付け先のセルを選択します。

❹ [ホーム]タブの[貼り付け]をクリックします。セルにデータと書式が貼り付けられます。

❺ [貼り付けのオプション]をクリックします。

❻ 貼り付ける内容（ここでは「値」）をクリックします。

❼ 値の情報が貼り付けられます。

MEMO　ドラッグして移動／コピーする

セルを別の場所に移動するには、対象のセル範囲を選択し、選択したセル範囲の外枠部分にマウスポインターを移動し、移動先に向かってドラッグします。コピーする場合は、Ctrlキーを押しながらドラッグします。

ドラッグ操作でデータを入力する

アクティブセルの右下に表示されるフィルハンドルをドラッグすると、ドラッグ先のセルまでにデータを入力できます。入力されるデータは、アクティブセルに入力されていた内容によって異なります。この機能をオートフィルと言います。オートフィルについては、5章で詳しく紹介します。

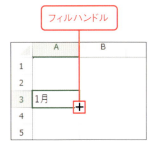

ユーザー設定リストについて

オートフィルを活用することで、「1月」「2月」「3月」などの連続データを自動的に入力することもできます。自動的に入力される項目は、ユーザー設定リストというところで管理されています。ユーザー設定リストの内容を確認するには、次のように操作します。

❶ [ファイル]タブをクリックし、[その他]をクリックします。

❷ [オプション]をクリックします。

❸ [Excelオプション]ダイアログボックスが表示されます。[詳細設定]をクリックし、

❹ [ユーザー設定リストの編集]をクリックします。

❺ [ユーザー設定リスト]ダイアログボックスが表示されます。ユーザー設定リストの内容を確認し、ここでは、[キャンセル]をクリックして画面を閉じます。

31

005 入力規則でデータ表記を統一する

入力規則について

　データの入力ミスを防ぐために、セルには、入力時のルールを設定することができます。この設定を入力規則と言います。入力規則には、さまざまな種類があります。入力できるデータの種類を限定したり、選択肢からデータを入力したりできるように指定できます。設定方法は、4章で紹介しています。

設定できる内容

種類	内容
設定	入力できるデータを指定します。
入力時メッセージ	入力時に表示するメッセージを指定します。
エラーメッセージ	ルールに合わないデータが入力された場合のエラーメッセージを表示します。
日本語入力	データを入力するときの日本語入力モードの状態を指定します。

データの入力規則の設定

［データの入力規則］ダイアログボックスで設定します。

入力規則に合わないデータが入力された場合は、メッセージが表示されます。

その他の入力支援機能について

　データの入力時には、さまざまな入力支援機能を利用できます。たとえば、入力するデータの先頭の数文字を入力すると、同じ列に前に入力したデータの中から一致するデータが自動的に表示されます。表示されたデータを入力する場合は、続きの文字を入力せずに Enter キーを押すだけで入力できます。この機能をオートコンプリート機能と言います。また、セルにデータを入力するとき、ほかの列のデータの一部を入力すると、入力されるデータのパターンを認識して自動的にデータが入力されることがあります。この機能をフラッシュフィルと言います。

オートコンプリート

前に入力したデータと同じデータを入力しようとすると、入力候補が表示されます。Enter キーを押すと、表示されたデータを入力できます。

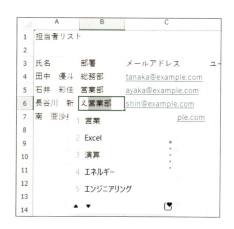

フラッシュフィル

メールアドレスが入力されている列があります。ほかの列にメールアドレスの「@」の前のユーザー名を入力します。ユーザー名を入力する操作を数回繰り返すと、入力パターンを認識して入力候補が表示されます。Enter キーを押すと、データが自動的に入力されます。

006 計算式を効率よく入力する

計算式の入力手順

　計算式（数式）を入力するには、計算式を入力するセルを選択し、「＝」の記号を入力します。続いて計算式の内容を指定します。一般的には、セル番地を使用して計算式を作成します。たとえば、A1セルとA2セルを足した結果を表示するには、「＝A1+A2」のように指定します。セル番地を使用して入力した計算式では、あとから参照元のセルの値が変わった場合、計算結果が自動的に変わります。

　なお、表のデータを使用して計算をするときは、隣接する列や行に同じ内容の計算式を作成することが多くあります。その場合は、計算式をコピーして入力するとかんたんに作成できます。計算式をコピーすると、参照元のセルの番地がコピー先のセルの場所に合わせて自動的に変わります。

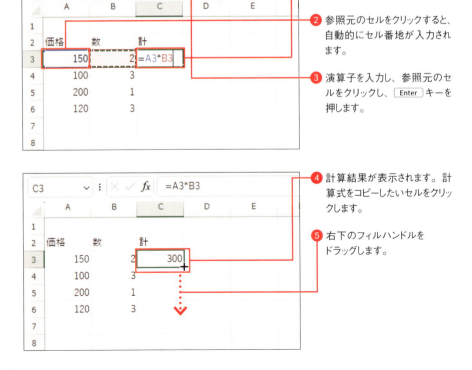

❶ 計算式を入力するセルを選択し、「＝」を入力します。

❷ 参照元のセルをクリックすると、自動的にセル番地が入力されます。

❸ 演算子を入力し、参照元のセルをクリックし、Enter キーを押します。

❹ 計算結果が表示されます。計算式をコピーしたいセルをクリックします。

❺ 右下のフィルハンドルをドラッグします。

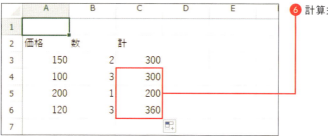

❻ 計算式がコピーされます。

 算術演算子の優先順位

複数の算術演算子を使って1つの計算式を作成するときは、演算子の優先順位に注意します。算数と同じで「*（掛け算）」「/（割り算）」は、「+（足し算）」「-（引き算）」より優先されます。たとえば、「=A1+A2*A3」の計算式で足し算を優先するには、「=(A1+A2)*A3」のように()で囲って指定します。

 算術演算子

四則演算の計算式を作成するには、次のような算術演算子を指定します。

算術演算子

計算	演算子
足し算	+
引き算	-
掛け算	*
割り算	/

COLUMN

セルの参照方法

計算式の中でほかのセルを参照するときは、一般的にセル番地を指定します。セル番地の指定方法には、いくつか種類があります。参照方法によって、計算式をコピーしたときに、入力される計算式の内容が異なります。

セルの参照方法

参照方法	指定例	内容
相対参照	=A1	単純にセル番地を指定して参照する方法です。この場合、作成した式をコピーすると、コピー先の場所に合わせて参照元のセル番地も変わります。
絶対参照	=$A$1	セル番地の列番号と行番号の前に「$」を入力します。この場合、式をコピーしたときに参照しているセルの場所がずれません。
複合参照	=$A1(列のみ固定) =A$1(行のみ固定)	参照するセルの列または行のみを固定する方法です。列だけを固定した場合は、作成した式を横にコピーしても参照しているセルの列の場所は変わりません。行だけを固定した場合は、作成した式を縦にコピーしても行の場所は変わりません。

関数とは？

関数とは、複雑な計算やよく使う計算をかんたんに入力できるように用意された公式のようなものです。Excelには、計算の目的に応じた何百もの関数があります。関数を入力するときは、「＝」のあとに関数名を入力します。続いて、()の中に計算に必要な情報を入力します。この情報を引数と言います。関数によって指定する引数の内容は異なります。ここでは、例としてSUM関数とIF関数を紹介します。

SUM関数

引数に指定したセル範囲に含まれる数値の合計を求めます。

144ページで紹介しています。

書式　＝SUM（セル範囲）

セル範囲　合計を求めるセル範囲を指定します。たとえば、A1〜A10セルの範囲の合計を求めるには、「＝SUM（A1:A10）」のように、セル範囲を「:（コロン）」で区切って指定します。A1セルとA3セルの合計を求める場合は、「＝SUM（A1,A3）」のようにセルを「,（カンマ）」で区切って指定します。

IF関数

条件を指定して、条件に一致するときとそうでないときに、計算する内容や表示する内容などを分けます。

書式　＝IF（条件式, 真の場合, 偽の場合）

条件式　条件の内容を指定します。条件に一致するかどうかをTRUEまたはFALSEで返す内容を指定します。多くの場合は、比較演算子を使用して指定します。

真の場合　条件に一致したときに実行する内容を指定します。

偽の場合　条件に一致しなかったときに実行する内容を指定します。

MEMO　比較演算子

比較演算子には、次のようなものがあります。たとえば、「A1＝1」のように、演算子の左と右の値を比較して「TRUE」（合っている）や「FALSE」（間違っている）の結果を表示します。

比較演算子

演算子	意味	例	内容
=	等しい	＝A1＝1	A1セルの値が1のときはTRUE、そうでない場合はFALSE
>	より大きい	＝A1>1	A1セルの値が1より大きいときはTRUE、そうでない場合はFALSE
>=	以上	＝A1>=1	A1セルの値が1以上のときはTRUE、そうでない場合はFALSE
<	より小さい	＝A1<1	A1セルの値が1より小さいときはTRUE、そうでない場合はFALSE
<=	以下	＝A1<=1	A1セルの値が1以下のときはTRUE、そうでない場合はFALSE
<>	等しくない	＝A1<>1	A1セルの値が1と等しくないときはTRUE、そうでない場合はFALSE

スピルって何？

　スピルとは、計算式を入力するときに使える新しい機能です。Excel2021以降で使用できます。スピルの意味は、「こぼれる」とか「あふれる」というものです。スピルを利用した計算式を入力すると、計算式がこぼれ落ちるように、隣接するセルに自動的に計算式を入力できます。たとえば、複数のセルに同じ意味の計算式を入力したり、絶対参照や複合参照などの参照方法を使用せずに、複数のセルに計算式をまとめて入力したりできます。

スピルを使った計算式を入力する

　ここでは、A列とB列の値を掛け算した結果をC列に表示します。スピルを使った計算式を入力すると、指定した内容に応じて、隣接するセルに計算結果が表示されます。計算式を修正するときは、計算式を入力したセルをクリックして式を入力し直します。隣接するセルに表示されている計算結果をクリックすると、数式バーに計算式が表示されますが、計算式はグレーで表示されます。グレーで表示されている計算式は、ゴーストと言い、個別に編集することはできません。

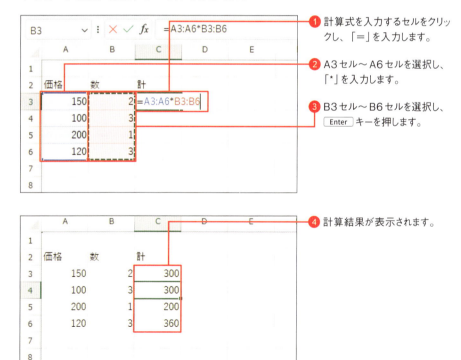

❶ 計算式を入力するセルをクリックし、「＝」を入力します。

❷ A3セル〜A6セルを選択し、「*」を入力します。

❸ B3セル〜B6セルを選択し、Enter キーを押します。

❹ 計算結果が表示されます。

— COLUMN —

OneDriveとWeb版のExcelについて

　Excelを使用するときに、Microsoftアカウントでサインインすると、OneDriveというインターネット上のファイル保存スペースを、Excelからかんたんに利用できます。OneDriveに保存されているExcelのファイルは、ブラウザーで開いたり編集したりすることもできるので、Excelがインストールされていないパソコンから操作できます。ただし、ブラウザーで利用できるWeb版のExcelは、実際のExcelとは異なりますので、利用できる機能などは異なります。

　OneDriveに保存したExcelファイルは、タブレットやスマホなどで、Microsoft 365 CopilotアプリやMicrosoft Excelアプリなどを使用して、編集することなどもできます。Microsoft 365 Copilotアプリは、Excel以外のWordやPowerPointなどのファイルも扱うことができるアプリです。Microsoft Excelアプリは、Excelファイルだけを扱います。いずれも、使用している機器に対応したアプリを利用します。

38

第2章

2

標準的なビジネス用の
文書作成の技

007 この章で作成する文書

シンプルなビジネス文書

この章では、シンプルな文書を作成します。一般的なビジネス文書のレイアウトに沿って、差出人や宛名、タイトル、本文、別記事項などを入力し、宛名を左に揃えたり、差出人を右に揃えたりして整えます。

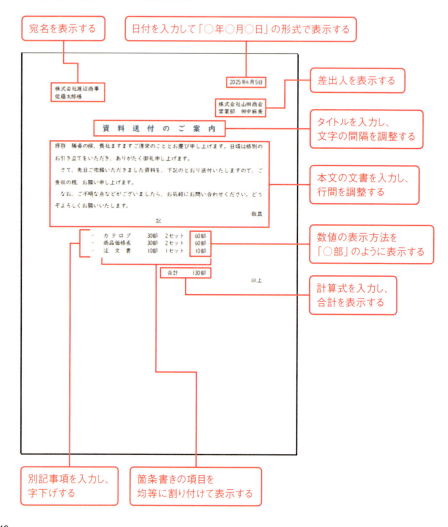

表が入ったビジネス文書

　細々とした情報は、表にまとめて整理して伝えましょう。Excelは、表計算アプリなので、もちろん計算表を作るのが得意です。セルというマス目を利用して、すぐに表を作り始められます。必要に応じて、罫線を引いたり見出しを強調したりして見やすく整えます。

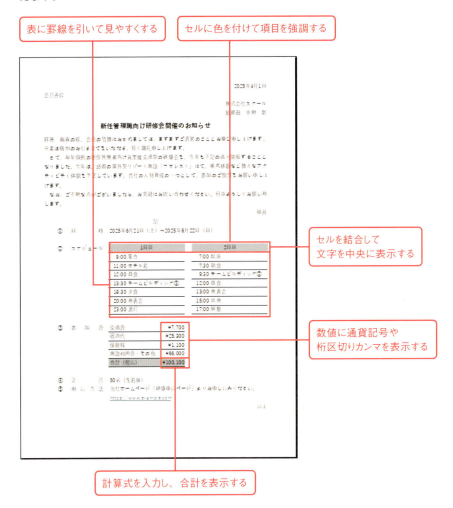

標準的なビジネス文書の構成を確認する

ビジネス文書の形式について

ビジネス文書では、一般的に、先頭に日付や宛名、差出人を表示します。続いてタイトルを入力し、本文を入力します。本文は、前文、主文、末文と続いて入力します。前文は、「拝啓」などの頭語から始まり、あいさつ文が入ります。主文では、本題に入ることを伝える起こし言葉を入れて、本題を伝えます。末文は、本題のあとのあいさつとして結びの言葉を入れて、頭語に対する結語で締めます。また、本題の詳細は、別記事項として箇条書きでまとめると見やすくなります。

本文の一般的な形式

順番	内容
前文	頭語
	時候の挨拶
	安否の挨拶
	感謝の挨拶
主文	起こし言葉
	本題
末文	結び言葉
	結語

MEMO 頭語と結語

頭語や結語には、決まった組み合わせがあります。ビジネス文書では、頭語「拝啓」、結語「敬具」の組み合わせが多く使用されます。

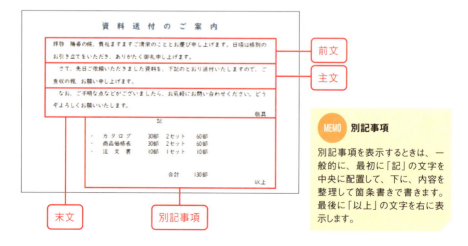

MEMO 別記事項

別記事項を表示するときは、一般的に、最初に「記」の文字を中央に配置して、下に、内容を整理して箇条書きで書きます。最後に「以上」の文字を右に表示します。

009 印刷の向きと用紙サイズを設定する

印刷の向きとサイズを確認する

　文書を印刷することを想定し、文書を作成する前に、印刷の向きと用紙サイズを確認しておきましょう。特に指定しない場合は、用紙の向きは縦、用紙サイズはA4用紙が選択されています。Excelの標準表示では、改ページ位置がわかりづらいですが、印刷や用紙サイズを変更したりすると、改ページ位置を示す線が表示されます。最初に線の位置を確認して文書を作成しましょう。

　なお、改ページ位置は、余白の大きさや選択しているテーマなどによっても異なります。

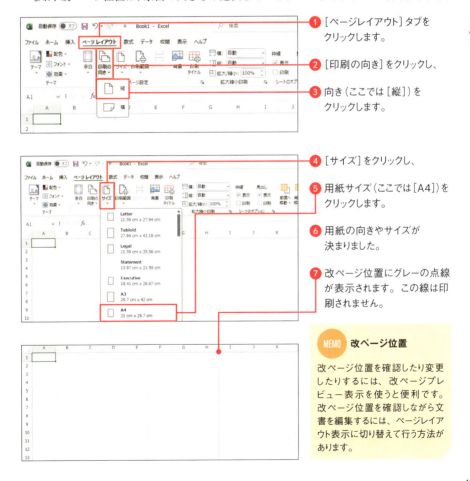

❶ [ページレイアウト] タブをクリックします。

❷ [印刷の向き] をクリックし、

❸ 向き（ここでは [縦]）をクリックします。

❹ [サイズ] をクリックし、

❺ 用紙サイズ（ここでは [A4]）をクリックします。

❻ 用紙の向きやサイズが決まりました。

❼ 改ページ位置にグレーの点線が表示されます。この線は印刷されません。

> **MEMO　改ページ位置**
>
> 改ページ位置を確認したり変更したりするには、改ページプレビュー表示を使うと便利です。改ページ位置を確認しながら文書を編集するには、ページレイアウト表示に切り替えて行う方法があります。

010 日付、宛名、差出人を入力する

日付や文字を入力する

　日付や宛名、差出人などの情報を入力します。日付など、用紙の右端に配置する文字は、ページの区切り位置を目安にして、用紙の右端に位置する列に入力します。用紙の右端の位置は、余白や選択しているテーマなどによって異なりますが、一般的には、H列やI列が多いです。ここでは、I列を用紙の右端の列とみなして、日付などをI列に入力します。なお、列はあとから削除したり追加したりすることもできますので、あまり深く考えずに操作を進めていきましょう。

　ここでは、「資料送付状」の文書を例に作成します。

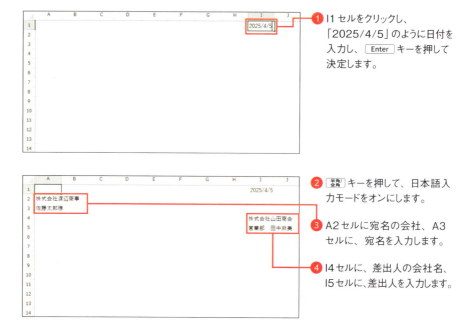

❶ I1セルをクリックし、「2025/4/5」のように日付を入力し、Enterキーを押して決定します。

❷ 半角/全角キーを押して、日本語入力モードをオンにします。

❸ A2セルに宛名の会社、A3セルに、宛名を入力します。

❹ I4セルに、差出人の会社名、I5セルに、差出人を入力します。

 「####」と表示された場合

日付や数値を入力すると、その長さに応じて自動的に列幅が広がって表示される場合があります。ただし、事前に列幅を指定した列に日付や数値を入力した場合、日付や数値が表示しきれないときは「####」のように記号が表示されます。その場合、列幅を充分に広げると日付や数値が表示されます。

44

011 文書のタイトルを入力する

タイトルを入力する

文書のタイトルを入力します。タイトルなどの用紙の幅に対して中央に揃えて表示する内容は、とりあえずA列に文字を入力しておきましょう。続いて、複数のセルを結合して文字を中央に揃えて配置します。ここでは、セルを結合する操作まで行いますが、ひと通り文字を入力してから配置を指定しても構いません。

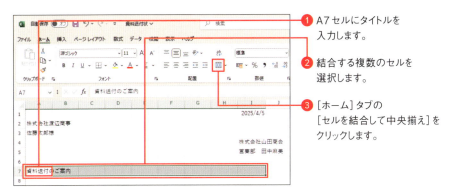

① A7セルにタイトルを入力します。

② 結合する複数のセルを選択します。

③ ［ホーム］タブの［セルを結合して中央揃え］をクリックします。

④ 選択していたセルが結合されて、結合されたセルの中央に文字が表示されます。

MEMO セル結合を解除する

結合したセルを解除するには、結合したセルを選択し、［セルを結合して中央揃え］をクリックします。

MEMO 文字が入ったセルを結合する

セルを結合するとき、結合しようとしている複数のセルにそれぞれデータが入力されている場合、次のようなメッセージが表示されます。［OK］をクリックすると、セルは結合されますが、選択していたセル範囲の左上のセルに入力されていたデータだけが残ります。それ以外のセルに入力されていたデータは削除されるので注意します。

第2章 標準的なビジネス用の文書作成の技

012 本文を入力する欄を作成する

セルを結合して行の高さを調整する

　本文を入力する欄を作成します。本文は、長い文章を入力するため、文字が折り返して表示されるようにします。まずは、横方向に並んでいるセルを結合し、行の高さを高くします。セルを結合するときに、文字の配置を中央にしない場合は、前のページの方法ではなく、セル結合だけを行います。

　行の高さを調整する方法は、主に3つあります。1つ目は、ドラッグで調整する方法、2つ目は、ダブルクリックで調整する方法、3つ目は数値で指定する方法です。複数の行の高さをまとめて変更する場合は、対象の行を選択してから操作します。

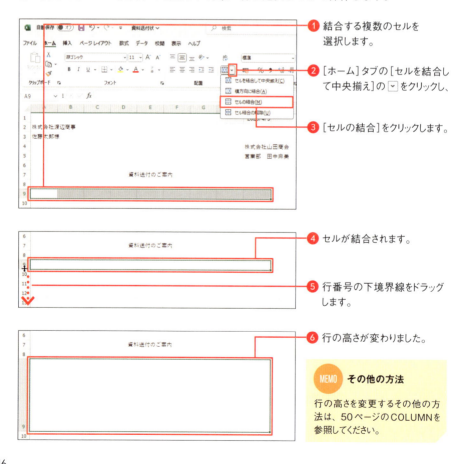

1 結合する複数のセルを選択します。

2 ［ホーム］タブの［セルを結合して中央揃え］の をクリックし、

3 ［セルの結合］をクリックします。

4 セルが結合されます。

5 行番号の下境界線をドラッグします。

6 行の高さが変わりました。

MEMO　その他の方法

行の高さを変更するその他の方法は、50ページのCOLUMNを参照してください。

013 本文を折り返す、改行しながら入力する

改行しながら入力する

前のページの方法で本文を入力する欄を作成したら、続いて、本文の文章がセル内で折り返して表示されるように設定を行います。そうすると、セルの幅に収まらない文字が、自動的に折り返して表示されるようになります。行の高さを高くしている場合は、高さに対して中央に文字が表示されます。文字の配置はあとから調整できます。

❶ セルを選択します。

❷ [ホーム]タブの[折り返して全体を表示する]をクリックします。

MEMO　セル内で改行する

文字入力中に [Alt] + [Enter] キーを押すと改行されます。改行をすると手順❷と同じ設定になります。

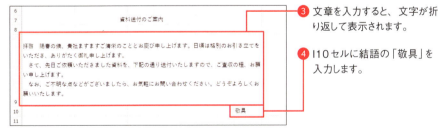

❸ 文章を入力すると、文字が折り返して表示されます。

❹ I10セルに結語の「敬具」を入力します。

COLUMN

文字を縮小して納める

このページで紹介した設定をすると[セルの書式設定]ダイアログボックス(53ページ参照)の[配置]タブの[折り返して全体を表示する]のチェックがオンになります。文字を縮小してセルに収める場合は、このチェックを外し[縮小して全体を表示する]をオンにします。

014 箇条書きを入力する

箇条書きの文字を入力する

文書の本題の詳細は、別記事項に箇条書きでまとめるとわかりやすいでしょう。ここでは、資料送付状を作成しているので、送付する資料の種類や部数を表示します。箇条書きの部分は、本文との違いがわかりやすいように、列を利用して、先頭文字が右にずれてみえるようにします。列幅の調整は、50〜51ページで紹介します。

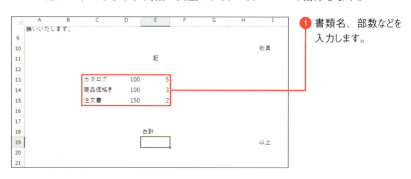

❶ 書類名、部数などを入力します。

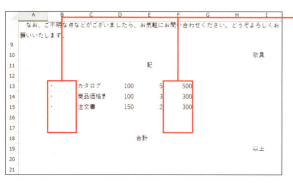

❷ 計算式を入力し（下のCOLUMN参照）、コピーしておきます。

COLUMN

IF関数

IF関数とは、条件に一致する場合とそうでない場合とで、計算式で実行する内容を分けるときに使います。ここでは、IF関数を使った2つの計算式を作成しています。1つ目は、B列に入力した計算式「＝IF(C13＝"","","・")」です。C列に項目が入力されたときだけ、行頭の記号「・」を表示します。2つ目は、F列に入力した計算式「＝IF(C13＝"","",D13*E13)」です。C列に項目が入力されたときだけ、D列とE列の数値を掛け算して表示します。IF関数については、36ページを参照してください。

かんたんな計算式を入力する

　合計を求めるには、SUM関数（36ページ参照）という関数を使った計算式を入力します。SUM関数の引数で、合計を求めるセル範囲を指定します。［ホーム］タブの［合計］からSUM関数を入力したとき、合計を求めるセル範囲が自動的に認識された場合は、その範囲を確認します。合計を求めるセル範囲が違う場合は、指定し直します（144ページ参照）。

❶ 計算式を入力するセルをクリックします。

❷ ［ホーム］タブの［合計］をクリックします。

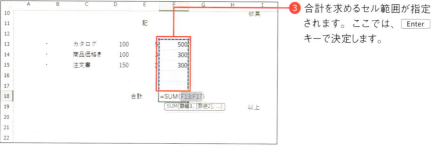

❸ 合計を求めるセル範囲が指定されます。ここでは、[Enter]キーで決定します。

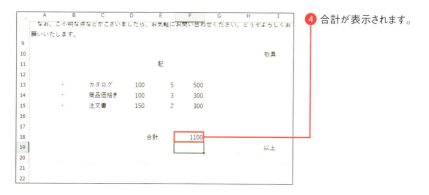

❹ 合計が表示されます。

015 列幅を調整する

箇条書きの字下げの位置を調整する

別記事項の箇条書きの項目の先頭位置や、項目と項目の間隔を調整するため、列幅を指定します。列幅を指定する方法は、行の高さを変更するときと同様に、主に3つあります。1つ目は、ドラッグする方法、2つ目はダブルクリックする方法、3つ目は数値で指定する方法です。ここでは、画面の文字を見ながら、ドラッグして調整します。

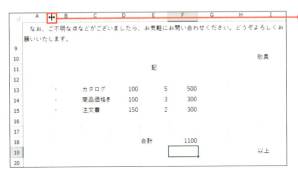

❶ A列の列番号の右側の境界線にマウスポインターを移動します。

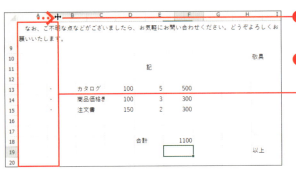

❷ 列幅を広げるときは、右方向にドラッグします。

❸ 列幅が変更されます。

COLUMN

数値で指定する

列の幅を数値で指定するには、列番号を右クリックし、[列の幅]をクリックすると表示される[セルの幅]ダイアログボックスで幅を指定します。標準スタイルの文字の大きさを基準に何文字分かを指定します。行の高さを変更する場合は、行番号を右クリックし[行の高さ]をクリックします。[セルの高さ]ダイアログボックスで、高さをポイント単位で指定します。

50

複数の列の列幅を調整する

　複数の列の幅をまとめて変更する場合は、対象の列を選択してから操作します。離れた場所の複数の列を選択するには、列番号をクリック、または、ドラッグして最初の列を選択後、Ctrlキーを押しながら、同時に選択する列の列番号をクリック、または、ドラッグして選択します。

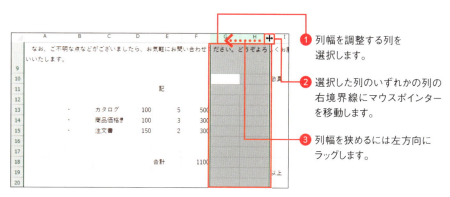

❶ 列幅を調整する列を選択します。

❷ 選択した列のいずれかの列の右境界線にマウスポインターを移動します。

❸ 列幅を狭めるには左方向にラッグします。

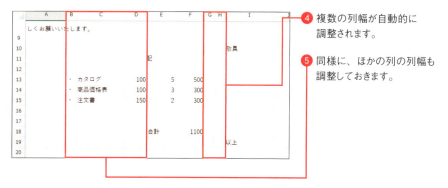

❹ 複数の列幅が自動的に調整されます。

❺ 同様に、ほかの列の列幅も調整しておきます。

COLUMN

列幅を自動調整する

セルに入力されている文字の長さに合わせて列幅を自動調整するには、列番号の右側の境界線をダブルクリックします。このとき、画面に表示されていない下の方の行に入力されている文字も、幅を調整する上での対象になります。なお、行の場合は、行の下境界線をダブルクリックします。

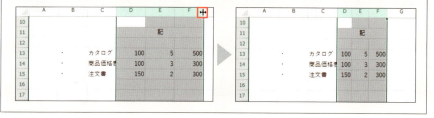

016 差出人や結語を右揃えにする

文字列の右端を揃える

セルに文字を入力すると、文字はセルの左端に配置されます。差出人や結語などが用紙の右端に表示されるように、セルの右端に揃えて配置するには、[ホーム]タブのボタンで指定します。なお、数値や日付の場合は、セルの右端に配置されます。数値の場合は、数値の桁がわかりやすいように、通常は、右端に表示された状態のままにしておきます。

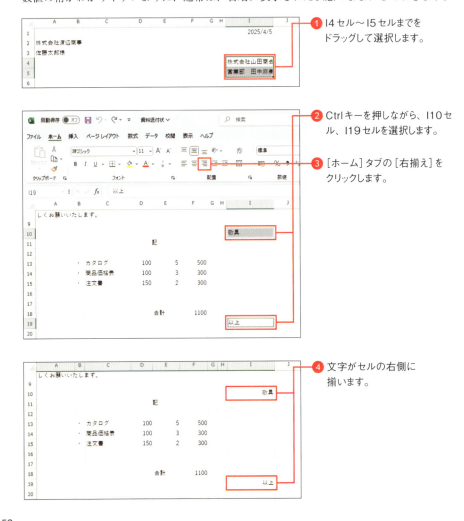

❶ I4セル～I5セルまでをドラッグして選択します。

❷ Ctrlキーを押しながら、I10セル、I19セルを選択します。

❸ [ホーム]タブの[右揃え]をクリックします。

❹ 文字がセルの右側に揃います。

017 本文の文字の両端を揃える

文字列の両端の位置を揃える

　本文の文章の文字の配置を調整します。ここでは、セルの横位置の配置を両端揃えにします。左や中央、右以外に揃えるときは、[セルの書式設定]ダイアログボックスで指定します。両端揃えにすると、文字をセル内で折り返して表示しているとき、文章の両端の位置が揃います。

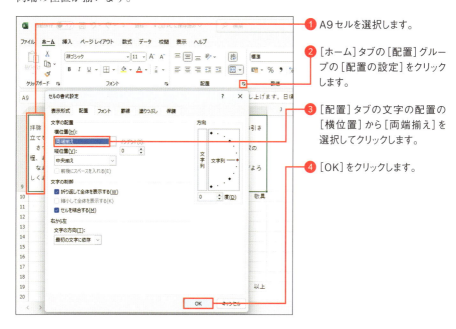

1 A9セルを選択します。

2 [ホーム]タブの[配置]グループの[配置の設定]をクリックします。

3 [配置]タブの文字の配置の[横位置]から[両端揃え]を選択してクリックします。

4 [OK]をクリックします。

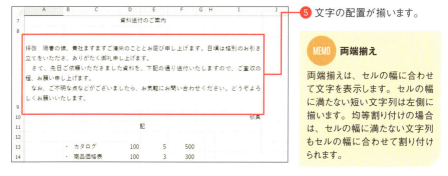

5 文字の配置が揃います。

MEMO 両端揃え

両端揃えは、セルの幅に合わせて文字を表示します。セルの幅に満たない短い文字列は左側に揃えます。均等割り付けの場合は、セルの幅に満たない文字列もセルの幅に合わせて割り付けられます。

018 箇条書きの文字列配置を調整する

文字を均等に割り付ける

縦に並んでいる箇条書きの項目の文字列の配置を同じ幅に揃えるには、セルの横位置の配置を、均等割り付けにします。そうすると、セルの幅に文字が均等に割り付けられます。列幅を調整することで、文字の間隔も調整できます。

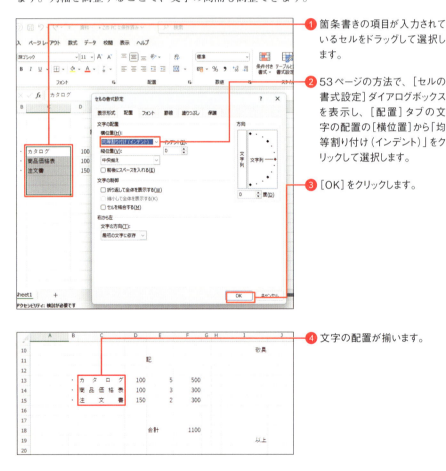

1. 箇条書きの項目が入力されているセルをドラッグして選択します。
2. 53ページの方法で、[セルの書式設定]ダイアログボックスを表示し、[配置]タブの文字の配置の[横位置]から「均等割り付け(インデント)」をクリックして選択します。
3. [OK]をクリックします。
4. 文字の配置が揃います。

文字の間隔を適度に調整する

　前のページの方法で、文字を均等に割り付けると、セルの幅いっぱいに文字が表示されるので、文字が窮屈に収まって見えることがあります。セルの左右に少し空間を入れて表示したい場合は、横位置の指定に加えて、インデントを指定する方法があります。インデントとは、本来は、文字を入力するときに、文字の左端や右端の位置などを調整する設定のことですが、横位置の指定とインデントの設定を組み合わせることで、タイトルなどの文字の間隔を微妙に調整できます。

1. 54ページの方法で、タイトルのセルの文字の配置を均等割り付けにし、セルを選択します。

2. ［インデントを増やす］をクリックします。

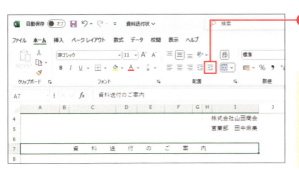

3. 何度か［インデントを増やす］をクリックして文字の間隔を調整します。

> **MEMO　インデントを減らす**
>
> ［インデントを増やす］をクリックしすぎた場合は、［インデントを減らす］をクリックしてインデントの設定を元に戻します。

COLUMN

［セルの書式設定］ダイアログボックスで指定する

文字の配置とインデントの設定は、［セルの書式設定］ダイアログボックスでまとめて指定できます。それには、［セルの書式設定］ダイアログボックスを表示して、［配置］タブの［横位置］で「均等割り付け（インデント）」を選択します。［インデント］欄でインデントを指定します。また、インデントを指定せずに、［前後にスペースを入れる］をクリックしてオンにして文字の前後に空白を入れて調整する方法もあります。

019 本文と箇条書きの行間を調節する

本文の行間を広くする

本文の行間が詰まって見える場合は、行間のゆとりを調整しましょう。文字をセル内で折り返して表示している場合は、[セルの書式設定]ダイアログボックスで縦の配置を均等割り付けにします。すると、行の高さに対して複数の行が均等に割り付けられます。行の高さを変更することで、行間を調整できます。

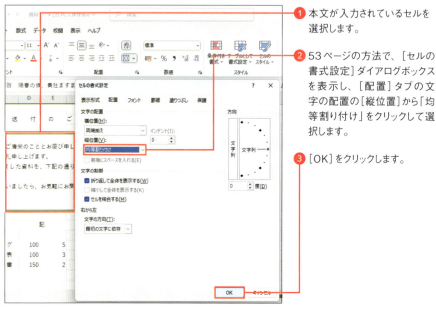

❶ 本文が入力されているセルを選択します。

❷ 53ページの方法で、[セルの書式設定]ダイアログボックスを表示し、[配置]タブの文字の配置の[縦位置]から「均等割り付け」をクリックして選択します。

❸ [OK]をクリックします。

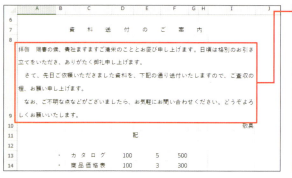

❹ 行の高さに合わせて文字の行間が変わりました。

MEMO　行の高さや列幅を調整する

行の高さが狭いと、本文の文字が隠れてしまうので注意します。また、列幅をあとで変更した場合も、文字が隠れてしまうことがあるので注意します。

箇条書きの行間を広くする

　箇条書きの項目の行間など、行と行の間隔を調整するには、行の高さを変更します。行を高くした場合、文字は、行の高さに対して中央に表示されます。文字の配置は、変更することもできます（下のCOLUMN参照）。

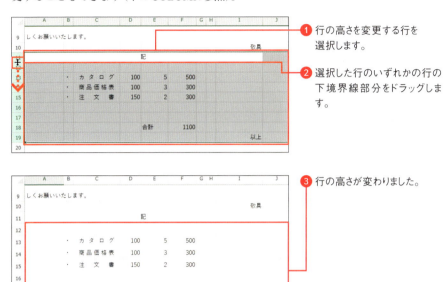

❶ 行の高さを変更する行を選択します。

❷ 選択した行のいずれかの行の下境界線部分をドラッグします。

❸ 行の高さが変わりました。

COLUMN

縦の配置

行の高さに対して文字の配置を調整するには、［セルの書式設定］ダイアログボックス（53ページ参照）で［配置］タブの［縦の配置］を指定します。次のような設定があります。両端揃えと均等割り付けは似ていますが、両端揃えは、文字が1行の場合は、文字が行の上に揃います。均等割り付けは、文字が1行の場合は、文字が行の中央に揃います。

文字の配置の縦位置の設定

配置	内容
上詰め	行の上側に配置されます。
中央揃え	行の中央に配置されます。
下詰め	行の下側に配置されます。
両端揃え	行の両端に揃えて配置されます。
均等割り付け	行内に均等に割り付けて配置されます。

020 文章全体のフォントやフォントサイズを変更する

フォントやフォントサイズを変更する

　フォントとは、文字の書体のことです。フォントを変更することで、文書の雰囲気が変わります。ここでは、文書全体のフォントを変更します。[全セル選択]をクリックしてすべてのセルを選択してから操作します。なお、フォントを指定するとき、テーマのフォントを指定すると、テーマを変更した場合に、テーマによってはフォントが変わることに注意してください。

① [全セル選択]をクリックします。

② [フォント]の ▼ をクリックし、フォント（ここでは[UDデジタル教科書体 N]）を選択します。

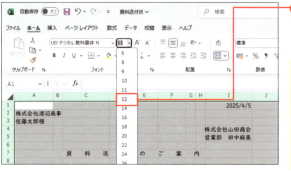

③ [フォントサイズ]の ▼ をクリックして、サイズ（ここでは[12]）を選択します。

> **MEMO　等幅フォント**
>
> フォントには、等幅フォントとプロポーショナルフォントという種類もあります。「UDデジタル教科書体 N」は、すべての文字が同じ幅の等幅フォントです。

COLUMN

明朝体とゴシック体

日本語のフォントでよく使わるフォントの種類に、明朝体とゴシック体があります。明朝体は、横の線が縦の線より細くて、筆で文字を書いたような、はねや払いがあるタイプです。ゴシック体は、横の線と縦の線がほぼ同じタイプです。ゴシック体は、明朝体に比べて線が太くしっかりした印象があるので、新聞や雑誌などでは、大きな見出しはゴシック体、本文は明朝体のフォントが使われるケースが多くあります。

タイトルのフォントサイズを変更する

　タイトルの文字は、目立つように文字のサイズを大きくします。タイトルが入力されているセルを選択してから操作します。なお、文字を大きくすると、行の高さを指定していない場合は、自動的に行の高さが高くなります。文字が隠れてしまった場合は、行の高さを調整しましょう。

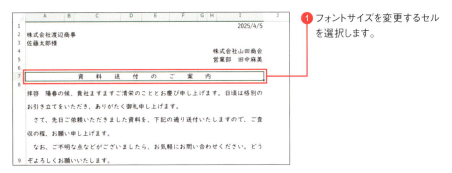

❶ フォントサイズを変更するセルを選択します。

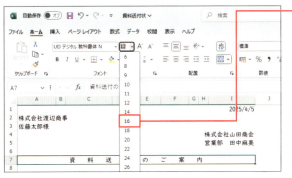

❷ ［フォントサイズ］の▼をクリックし、サイズ（ここでは［16］）をクリックします。

> **MEMO　文字単位に大きさを変更する**
>
> セル内の一部の文字の大きさを変更するには、セル内でダブルクリックし、対象の文字を選択してから文字サイズを指定します。

COLUMN

ひとまわりずつ大きくする

画面を見ながら文字をひとまわりずつ大きくするには、セルを選択して、［ホーム］タブの［フォントサイズの拡大］をクリックします。ひとまわりずつ小さくするには、［フォントサイズの縮小］をクリックします。

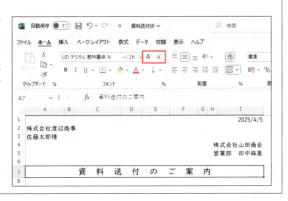

021 タイトルの書式を変更する

タイトルを太字にする

文書の内容をひと目で把握できるように、タイトルの文字にかんたんな書式を設定して目立たせます。タイトルなど、セルに入力されている文字全体を目立たせるには、セルを選択して書式を選択します。文中の注目してほしいキーワードなどを強調するには、対象の文字のみを選択した状態で書式を設定します。

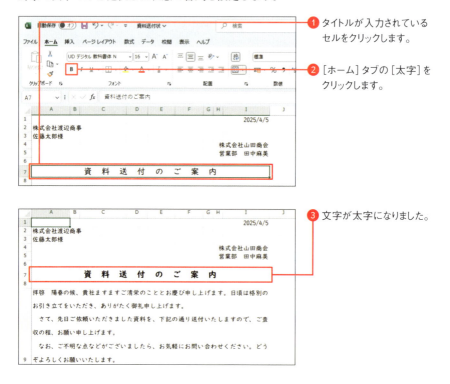

❶ タイトルが入力されているセルをクリックします。

❷ [ホーム] タブの [太字] をクリックします。

❸ 文字が太字になりました。

COLUMN

太字や下線、斜体について

文字を目立たせるには、太字を設定したり文字の色を変更したりするとよいでしょう。要約文などの長めの文章を強調するには、下線を活用すると控え目に強調できます。ただし、下線は、画面で見たときにハイパーリンクが設定されていると誤解される場合もあるので注意します。また、日本語のフォントでは、斜体を設定しても斜体にならない場合もあります。

タイトルの文字の色を変更する

　タイトルの文字がより目立つように文字の色を変更します。ここでは、テーマの色から色を選択します。なお、テーマの色から色を選択すると、あとからテーマを変更した場合に色が変わることもあるので注意します。

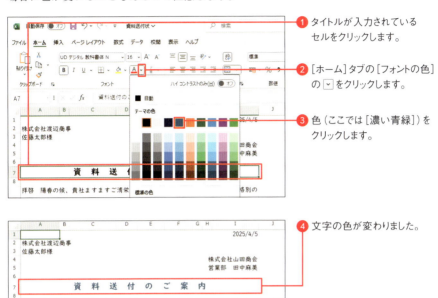

❶ タイトルが入力されているセルをクリックします。

❷ ［ホーム］タブの［フォントの色］の ∨ をクリックします。

❸ 色（ここでは［濃い青緑］）をクリックします。

❹ 文字の色が変わりました。

COLUMN

書式だけをコピーする

　文字の内容は変えずに、書式だけをほかのセルにコピーするには、まず、コピーしたい書式が設定されているセルを選択し、［ホーム］タブの［書式コピー］をクリックします。続いて、コピーした書式を貼り付けるセルをクリックします。コピーした書式を複数のセルに貼り付けたい場合は、［ホーム］タブの［書式コピー］をダブルクリックします。すると、コピーした書式を貼り付ける状態が維持されます。書式の貼り付け先のセルを次々と選択することで、複数個所に書式を貼り付けられます。書式を貼り付ける状態を解除するには、Esc キーを押します。

61

022 日付を和暦で表示する

日付を和暦で表示する

日付の書き方には、さまざまな方法があります。たとえば、「2025/4/1」の場合、「2025年4月1日」「4月1日（火）」「令和7年4月1日」などと表示できます。日付をどのように表示するかは、セルの表示形式を指定して変更します。ここでは、日付を和暦で表示する方法を紹介します。一覧にない形式で表示したい場合は、ユーザー定義の表示形式（65ページ参照）を指定します。

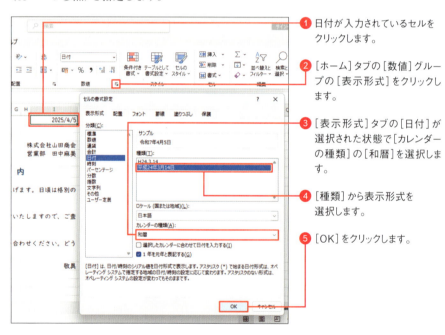

❶ 日付が入力されているセルをクリックします。

❷ ［ホーム］タブの［数値］グループの［表示形式］をクリックします。

❸ ［表示形式］タブの［日付］が選択された状態で［カレンダーの種類］の［和暦］を選択します。

❹ ［種類］から表示形式を選択します。

❺ ［OK］をクリックします。

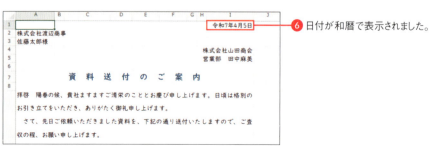

❻ 日付が和暦で表示されました。

シリアル値って何？

　Excelでは、日付をシリアル値という数値で管理しています。Excelで日付のデータを扱うときに、このシリアル値を意識する必要はありませんが、計算式を使って日付を操作するときや、日付が単なる数字で表示されてしまったような場合は、このシリアル値の存在を知っておく必要があります。シリアル値とは、どのようなものか理解しましょう。

　シリアル値は、具体的には、1900/1/1の日付を「1」として1日経過するごとに数値が1ずつ増えるしくみになっています。たとえば、「1」という数値を日付の表示形式で表示すると、「1900/1/1」と表示されます。「2」を日付の表示形式で表示すると、「1900/1/2」になります。

日付	シリアル値
2025/3/30	45746
2025/3/31	45747
2025/4/1	45748
2025/4/2	45749

時刻は小数点で表す

　1日の中の時刻は、小数部で表されます。夜中の12時が「0」、お昼の12時が「0.5」になります。たとえば、「2025/4/1 18:00」は、シリアル値では、「45748.75」です。

時刻	シリアル値
0時	0
6時	0.25
12時	0.5
18時	0.75
24時	1

COLUMN

シリアル値が表示されたら

日付を入力したセルの表示形式を、「日付」ではなく「標準」にした場合などは、日付が「45752」のようにシリアル値で表示されてしまいます。その場合は、セルの表示形式を日付に変更します。

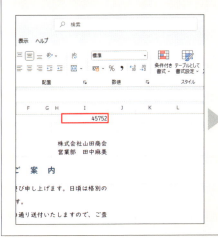 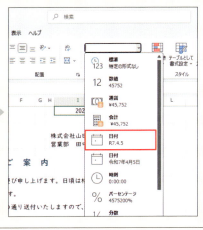

023 日付を「〇年〇月〇日」形式で表示する

日付の表示方法を指定する

　日付の表示方法を「2025/4/1」や「2025年4月1日」などのよく使う方法で表示する場合は、表示形式の一覧からかんたんに指定できます。また、誤って「標準」を指定してしまった場合などは、日付がシリアル値の数字で表示されてしまいます。その場合、日付を入力し直す必要はありません。「短い日付形式」や「長い日付形式」に戻せば、日付が表示されます。

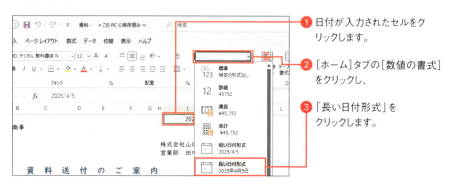

① 日付が入力されたセルをクリックします。

② [ホーム]タブの[数値の書式]をクリックし、

③ 「長い日付形式」をクリックします。

④ 日付の表示形式が変わります。

COLUMN

一覧から選択する

日付を「4月1日」や「2025年4月」などの形式で表示したい場合は、[セルの書式設定]ダイアログボックスで表示形式を選択します。「分類」から「日付」を選択し、日付の種類を選択します。日付が入力されているセルをクリックし、62ページの方法で[セルの表示形式]ダイアログボックスを表示して指定します。一覧にない表示形式を指定する方法は、65ページで紹介しています。

ユーザー定義の表示形式の指定方法を知る

　Excelで日付を表示するとき、一般的な表示形式なら、62〜64ページの方法で指定できますが、曜日の情報も表示したい場合などは、ユーザー定義の表示形式を設定する必要があります。この場合、年や月、日、曜日などの単位ごとに決められた記号を使って指定します（下のCOLUMN参照）。日付や時刻の書式を指定するときに使う記号の種類などは、ヘルプ画面で確認してください。「日付または時刻として数値の書式を設定する」のようなキーワードで検索できます。

表示形式の指定例

表示形式	入力されたデータ	表示結果
yyyy/m/d	2025/4/1	2025/4/1
yyyy/mm/dd	2025/4/1	2025/04/01
m月d日(aaaa)	2025/4/1	4月1日(火曜日)
gge.m.d	2025/4/1	令7.4.1

COLUMN

曜日を表示する

日付に曜日を表示するには、日付が入力されたセルをクリックし、62ページの方法で、［セルの書式設定］ダイアログボックスを表示します。［表示形式］タブの［ユーザー定義］の「種類」欄で「m月d日(aaa)」のように表示方法を指定します。日付の月は「m」（月を1桁〜2桁で表示）や「mm」（月を2桁で表示）などで指定します。たとえば、1月と12月の場合、「m」は「1」「12」、「mm」は「01」「12」と表示されます。日は「d」（日を1桁〜2桁で表示）や「dd」（日を2桁で表示）などで指定します。たとえば、5日と25日の場合、「d」は「5」「25」、「dd」は「05」「25」のように表示されます。曜日は「aaa」や「aaaa」などで指定します。月曜の場合、「aaa」は「月」、「aaaa」は「月曜日」のように表示されます。

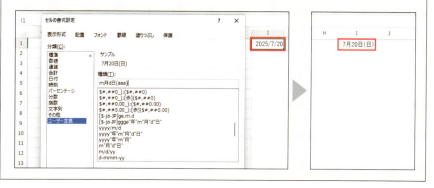

024 今日の日付を表示する

今日の日付を自動的に表示する

今日の日付を自動的に表示するには、TODAY関数を使って「= TODAY()」のように計算式を作成します。引数を指定する必要はありませんが関数のあとの「()」は入力します。TODAY関数で表示した日付は、常に今日の日付が表示されます。明日になれば、明日の日付が自動的に表示されるしくみです。日付は、パソコンで管理されている日付情報が表示されます。

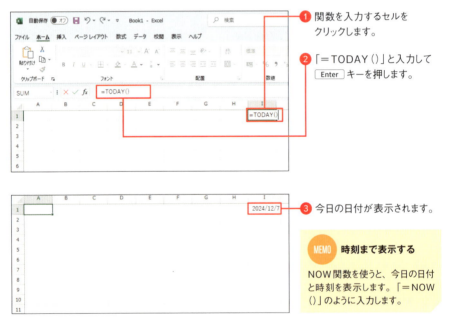

❶ 関数を入力するセルをクリックします。

❷ 「= TODAY()」と入力して Enter キーを押します。

❸ 今日の日付が表示されます。

> **MEMO 時刻まで表示する**
> NOW関数を使うと、今日の日付と時刻を表示します。「= NOW()」のように入力します。

COLUMN

今日の日付をかんたんに入力する

TODAY関数を使うと、常に今日の日付を表示できますが、今日の日付のデータを入力するには、「2025/4/1」のように入力する以外にショートカットキーを使用する方法があります。今日の日付を入力するには、Ctrl + ; キー、今の時刻を入力するには、Ctrl + : キーを押します。ショートカットキーで入力した日付や時刻は更新されません。

025 数値に桁区切りを表示する

数値に桁区切りカンマを表示する

　1000以上の大きい値を表示するときは、桁区切りのカンマを表示して、数値の桁が読み取りやすくなるようにしましょう。この場合にも、表示形式で指定します。ここでは、箇条書きの数字と合計の数字を表示するセルの表示形式を指定します。合計の「1100」が「1,100」と表示されます。たとえば、D13セルの数字を「1000」などに変更すると、桁区切りカンマが自動的に表示されます。

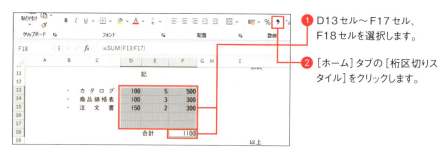

❶ D13セル〜F17セル、F18セルを選択します。

❷ ［ホーム］タブの［桁区切りスタイル］をクリックします。

❸ 3桁区切りのカンマが表示されます。

COLUMN

「¥1,000」のように表示する

数値に通貨記号と3桁区切りのカンマを付けて表示するには、対象のセルを選択し、［ホーム］タブの［通貨表示形式］をクリックします。

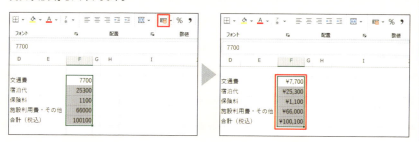

026 数値を「〇個」などの形式で表示する

数値の表示形式を指定する

　数値を表示するとき、たとえば、「1500」を「1,500」や「1,500人」のように表示するには表示形式を指定します。単純に3桁区切りのカンマを表示したり、通貨表示記号を付けたりする場合は、67ページのCOLUMNの方法でかんたんに指定できますが、「1,500人」のような独自の形式で表示するには、ユーザー定義の表示形式を指定します。

　ユーザー定義で数値の表示形式を指定するとき、数値の桁は「#」や「0」を指定します。数値の表示形式の指定に使う記号には、次のようなものがあります。

ユーザー定義の数値の表示形式を指定するときに使用する記号例

記号	内容
0	数値の桁を示します。入力された数値の桁が「0」の数より少ない場合は、その場所に「0」を表示します。小数点より左の整数部分の桁が、「0」の数より多い場合は、すべての桁を表示します。
#	数値の桁を示します。入力された数値の桁が「#」の数より少ない場合は、その場所には何も表示しません。小数点より左の整数部分の桁が、「#」の数より多い場合は、すべての桁を表示します。
?	数値の桁を示します。入力された数値の桁が「?」の数より少ない場合は、その場所にスペースを表示します。小数点より左の整数部分の桁が、「?」の数より多い場合は、すべての桁を表示します。
,	桁区切りカンマを表示します。数値を千単位や百万単位などで表示する目的でも使用します。表示形式の最後に「,」と指定すると千単位、「,,」と指定すると百万単位になります。
.	小数点の位置を表示します。

表示形式の指定例

表示形式	入力したデータ	表示結果
0000.00	1.5	0001.50
#,###	0	
#,##0	0	0
#,##0	12345	12,345
#,##0,	30000	30
0.??	30.5555	30.56
0.??	30.5	30.5

68

表示形式を設定する

　数値を表示するときに「○人」や「○部」などと数値のあとに単位などの文字を表示します。この方法を知っておけば、たとえば、請求書などで、合計金額を「1,500円」のように表示する場合などにも応用できます。

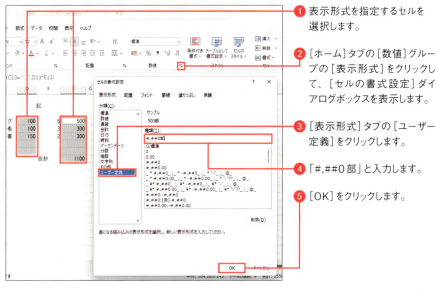

❶ 表示形式を指定するセルを選択します。

❷ [ホーム]タブの[数値]グループの[表示形式]をクリックして、[セルの書式設定]ダイアログボックスを表示します。

❸ [表示形式]タブの[ユーザー定義]をクリックします。

❹ 「#,##0部」と入力します。

❺ [OK]をクリックします。

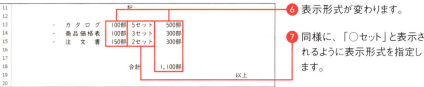

❻ 表示形式が変わります。

❼ 同様に、「○セット」と表示されるように表示形式を指定します。

COLUMN

正の数や負の数で表示形式を使い分ける

マイナスの数値は赤字で表示したい場合などは、[セルの書式設定]ダイアログボックスで「数値」を選択して[負の数の表示形式]を指定する方法があります。また、「ユーザー定義」を選択して指定することもできます。その場合、セルに入力されている値に応じて「正の数の場合;負の数の場合;0の場合;文字の場合」のように最大4つのパターンを指定できます。なお、文字や数値を指定した色で表示したい場合は、[黒][緑][白][青][紫][黄][水][赤]のように括弧で囲って指定します。「@」は、セルに入力された任意の文字列を示します。たとえば、「[青]#,##0;[赤]-#,##0;"データなし";@"様"」のように指定すると、次の図のように表示されます。

表示形式	データ	表示結果
[青]#,##0;[赤]-#,##0;"データなし";@"様"	1500	1,500
[青]#,##0;[赤]-#,##0;"データなし";@"様"	-1500	-1,500
[青]#,##0;[赤]-#,##0;"データなし";@"様"	0	データなし
[青]#,##0;[赤]-#,##0;"データなし";@"様"	田中	田中様

027 リンクを設定・解除する

リンクを解除する

　セルにインターネットのホームページのアドレスやメールアドレスなどを入力すると、自動的にリンクが設定され、セルのスタイルが「ハイパーリンク」に設定されて文字の色などが変わります。ホームページのアドレスの場合、クリックするとブラウザーが起動してホームページが表示されます。メールアドレスの場合、クリックすると、メールを作成する画面が表示されます。リンクを設定する必要がない場合は、次の方法で解除できます。

　このSectionからは、「研修会のお知らせ」の文書を例に機能を紹介します。

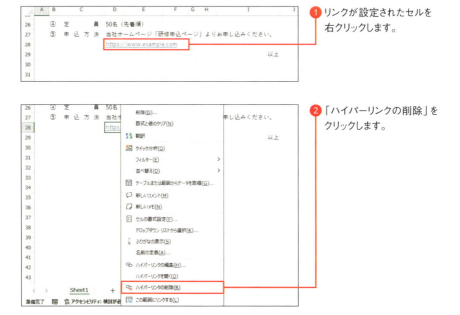

❶ リンクが設定されたセルを右クリックします。

❷ 「ハイパーリンクの削除」をクリックします。

COLUMN

リンクを設定しないようにする

ホームページのアドレスやメールアドレスを入力したときに、自動的にリンクを設定しないようにするには、「Excelのオプション」ダイアログボックスを表示して[文書校正]をクリックし、[オートコレクトのオプション]をクリックします。[オートコレクト]ダイアログボックスの[入力オートフォーマット]タブで[インターネットとネットワークのアドレスをハイパーリンクに変更する]のチェックを外して[OK]をクリックします。

028 強調したいセルの塗りつぶしの色を変更する

セルの塗りつぶしの色を指定する

　表の構成がひと目でわかるように、見出しのセルに色を付けて強調します。色を選択するとき、テーマの色の中から選択した場合、あとからテーマを変更すると、色が変わる場合があります。なお、セルの塗りつぶしの色と文字の色の組み合わせによっては、文字が読みづらくなることもあるので注意します。75ページの方法でアクセシビリティチェックをすると、読みづらい箇所がないかなどをチェックできます。

1. 見出しのセルを選択します。
2. [ホーム]タブの[塗りつぶしの色]の⌄をクリックします。
3. 塗りつぶしの色をクリックします。
4. 色が変わります。

COLUMN

セルのスタイル

セルのスタイルとは、セルに設定する複数の書式の組み合わせを登録したものです。スタイルを変更するセルを選択し、[ホーム]タブの[セルのスタイル]をクリックするとセルのスタイルを選択できます。

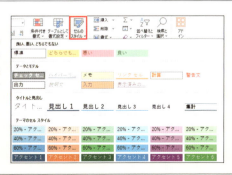

029 罫線を引いて項目を強調する

罫線を表示する

　細かい情報を表にまとめて表示するとき、項目ごとの区切りがわかりやすいようにするには、罫線を表示します。なお、セルを区切っているグレーの薄い線は、印刷しても通常は表示されません。表を見やすくするには、罫線を引きましょう。

　罫線を引く方法は複数ありますが、ここでは、［セルの書式設定］ダイアログボックスを使います。対象のセルを選択し、線の種類や色、引く場所を選択します。

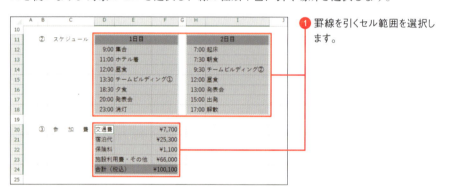

❶ 罫線を引くセル範囲を選択します。

❷ ［ホーム］タブの［罫線］の ∨ をクリックします。

❸ ［その他の罫線］をクリックします。

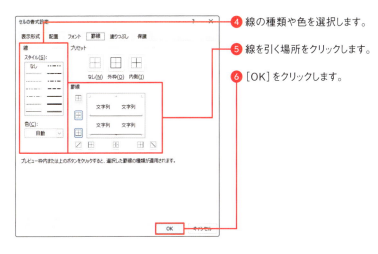

④ 線の種類や色を選択します。

⑤ 線を引く場所をクリックします。

⑥ [OK] をクリックします。

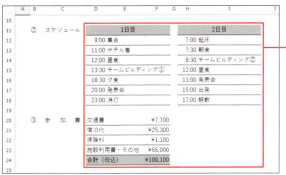

⑦ 線が表示されます。

> **MEMO** 格子状に線を引く
>
> 選択したセル範囲に格子状に線を引くには、手順❷で[格子]をクリックします。線を引く場所が一覧に表示されている場合は、項目をクリックして線を引けます。

--- COLUMN ---

罫線を消す

罫線を消すには、手順❷で[枠なし]をクリックします。

030 スペルチェックをする

スペルミスをチェックする

Excelは、Wordに搭載されているような文書を校正するためのさまざまな機能はありませんが、[校閲]タブには、文書の修正や入力を補助するための機能がいくつか並んでいます。たとえば、英単語のスペルミスを見つけるには、スペルチェック機能を使えます。辞書にない単語が見つかった場合は、修正候補から正しい単語を選んで修正することもできます。英単語を含む文書などでは、一度チェックしておくとよいでしょう。

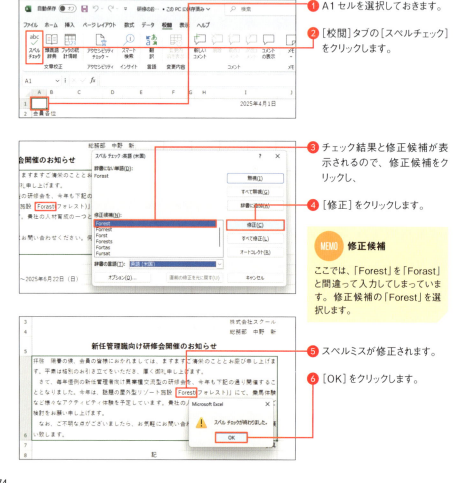

❶ A1セルを選択しておきます。

❷ [校閲]タブの[スペルチェック]をクリックします。

❸ チェック結果と修正候補が表示されるので、修正候補をクリックし、

❹ [修正]をクリックします。

> **MEMO 修正候補**
>
> ここでは、「Forest」を「Forast」と間違って入力してしまっています。修正候補の「Forest」を選択します。

❺ スペルミスが修正されます。

❻ [OK]をクリックします。

031 アクセシビリティチェックをする

読みづらい文字がないか確認する

　アクセシビリティとは、作成した資料やサービス、商品などが、誰にとってもわかりやすいものかを意味する指標です。年齢や健康状態、障碍の有無、利用環境の違いなどに関わらず、わかりやすく利用しやすいものかを指します。アクセシビリティチェックをすると、Excelで作成した文書で、読みづらい色の文字があるか、作成した文書をほかのアプリの読み上げ機能などを利用して読んだ場合に、画像の説明として利用される代替テキストという文字列が設定されていないことにより、読み上げられずに意味がわからない画像があるかなどをチェックできます。

❶ A1セルを選択しておきます。

❷ [校閲]タブの[アクセシビリティチェック]をクリックします。

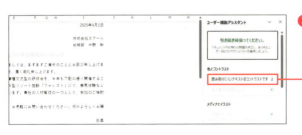

❸ [ユーザー補助アシスタント]作業ウィンドウにチェック内容が表示されるので、チェックされた項目をクリックすると、内容が表示されます。

❹ チェックされた内容を修正すると、メッセージ内容も変わります。

> **MEMO** [アクセシビリティ]タブ
>
> アクセシビリティチェックをすると、[アクセシビリティ]タブが表示されます。このタブでは、アクセシビリティを考慮するのに使う機能のボタンなどが表示されます。

032 文書に名前を付けて保存する

名前を付けて保存する

　作成した文書をあとでまた開いて使えるようにするには、ファイルを保存しておきます。ファイルを保存するときは、保存場所と名前を指定します。特に指定しない場合、Excelで作成したファイルは、Excelブックの形式で保存されます。

　なお、保存した文書を開いて編集中、最新の状態に更新して保存するには、クイックアクセスツールバーの［上書き保存］をクリックします。または、Ctrl + S キーを押します。編集中は、こまめに上書き保存をするように心がけましょう。ショートカットキーを覚えておくと便利です。

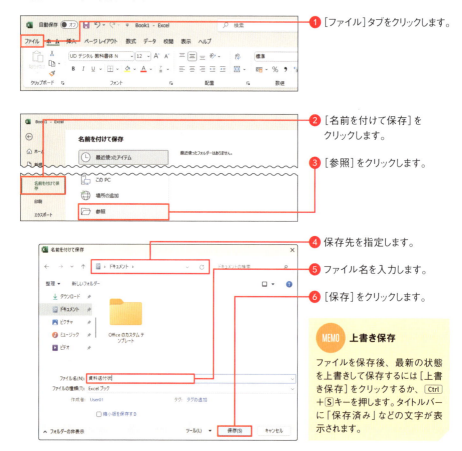

❶ ［ファイル］タブをクリックします。

❷ ［名前を付けて保存］をクリックします。

❸ ［参照］をクリックします。

❹ 保存先を指定します。

❺ ファイル名を入力します。

❻ ［保存］をクリックします。

MEMO 上書き保存

ファイルを保存後、最新の状態を上書きして保存するには［上書き保存］をクリックするか、Ctrl + S キーを押します。タイトルバーに「保存済み」などの文字が表示されます。

保存したファイルを開く

　ファイルを開くときは、保存先とファイル名を指定して開きます。Backstageビューから操作します。［ファイルを開く］ダイアログボックスでは、保存先にあるすべてのExcelファイルが表示されます。開くファイルの種類を指定するときは、ファイルの種類を選択します。

1. ［ファイル］タブをクリックして、［開く］をクリックします。
2. ［参照］をクリックします。

3. 保存先を指定します。
4. ファイル名をクリックします。
5. ［開く］をクリックします。

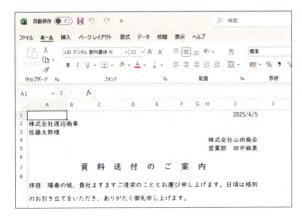

6. ファイルが開きます。

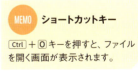

MEMO ショートカットキー

Ctrl + O キーを押すと、ファイルを開く画面が表示されます。

033 文書をテンプレートとして保存する

テンプレートとして保存する

　テンプレートとは、目的別に作成された文書の原本のようなものです。ファイルを新しく作成するときに、テンプレートを選択すると、選択したテンプレートを元に作成された新しい文書が表示されます。文書に必要事項を入力して保存すると、原本とは別のファイルとして保存されるしくみです。

　ここでは、「資料送付状」をテンプレートとして保存します。文書の作成日や宛名、送付する資料の内容など、作成する文書によって異なる内容は、削除しておきます。また、季節に関わらずに使用する文書では、季節のあいさつ文なども削除しておきましょう。

　また、保存したテンプレートを利用するときは、必要な項目などを入力して文書を完成させます。入力が必要な箇所は、セルに色を付けておくとわかりやすいでしょう。印刷時に、セルの塗りつぶしの色が無視されるようにするには、印刷時の設定で白黒印刷を指定する方法があります（83ページMEMO参照）。入力欄以外は、データを入力できないようにしてシートを保護（158ページ参照）しておくこともできます。

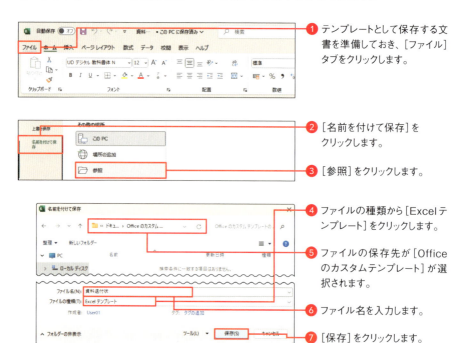

① テンプレートとして保存する文書を準備しておき、[ファイル]タブをクリックします。

② [名前を付けて保存]をクリックします。

③ [参照]をクリックします。

④ ファイルの種類から[Excelテンプレート]をクリックします。

⑤ ファイルの保存先が[Officeのカスタムテンプレート]が選択されます。

⑥ ファイル名を入力します。

⑦ [保存]をクリックします。

[Officeのカスタムテンプレート]

[Officeのカスタムテンプレート]にテンプレートを保存すると、テンプレートを利用するときに、かんたんに利用できます。ファイルの種類で「Excelテンプレート」を指定すると、保存先が自動的に[Officeのカスタムテンプレート]になります。

テンプレートを使用する

　テンプレートを元に文書を作成してみましょう。テンプレートを使うときの操作のポイントは、「開く」ではなく「新規」をクリックするところから始めます。テンプレートを選択すると、選択したテンプレートのコピーが作成されます。作成したファイルを保存するときは、名前を付けて保存をする画面が表示されますので、原本が書き換えられてしまう心配はありません。

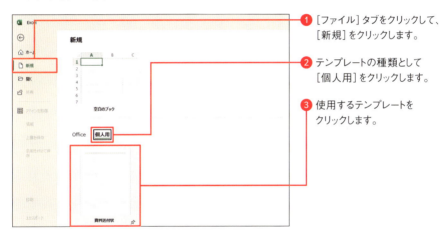

❶ [ファイル]タブをクリックして、[新規]をクリックします。

❷ テンプレートの種類として[個人用]をクリックします。

❸ 使用するテンプレートをクリックします。

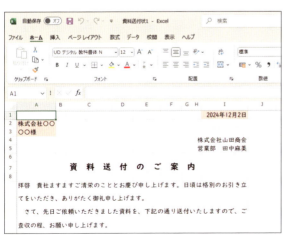

❹ テンプレートを元にした新規ファイルが開くので、必要な項目などを入力して文書を完成させます。

MEMO　テンプレート自体を修正する

保存したテンプレートの内容を修正したい場合は、[ファイルを開く]ダイアログボックスで、テンプレートを保存した保存先を指定し、開きたいテンプレートをクリックし、[開く]をクリックします。テンプレートが開いたら、文書を修正して上書き保存します。

034 文書をPDF形式で保存する

PDF形式で保存する

PDF形式とは、文書を保存するときに、広く利用されているファイル形式です。どのような環境でも同じイメージで文書を表示できるという利点があるため、インターネット上で文書を配布する場合などにもよく使用されるファイル形式です。ここでは、Excelで作成したファイルをPDF形式で保存する方法を紹介します。

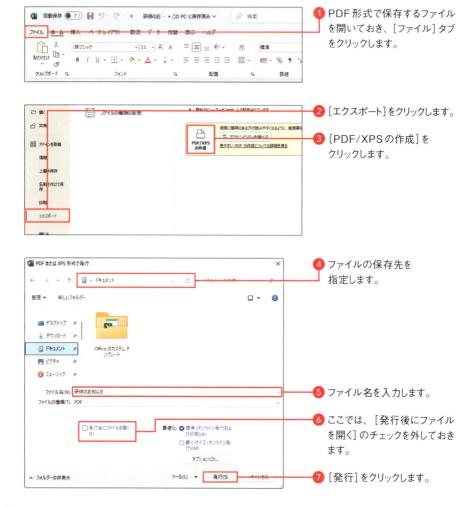

1. PDF形式で保存するファイルを開いておき、[ファイル]タブをクリックします。
2. [エクスポート]をクリックします。
3. [PDF/XPSの作成]をクリックします。
4. ファイルの保存先を指定します。
5. ファイル名を入力します。
6. ここでは、[発行後にファイルを開く]のチェックを外しておきます。
7. [発行]をクリックします。

MEMO　すぐにファイルを確認する

［発行後にファイルを開く］のチェックをオンにしておくと、発行後に保存したPDF形式のファイルが開きます。

保存したファイルを開く

　PDF形式のファイルは、ブラウザーやPDFファイルビューアなどで開けますので、Excelがインストールされていないパソコンでも表示できます。ここでは、前のページで保存したPDF形式のファイルを開いてみます。

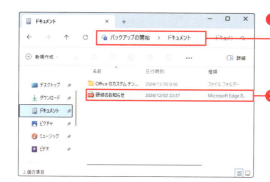

❶ タスクバーの［エクスプローラー］をクリックして、PDF形式のファイルを保存した場所を表示します。

❷ PDF形式のファイルをダブルクリックします。

❸ ブラウザーが起動してPDF形式のファイルが表示されます。

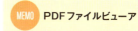 **MEMO　PDFファイルビューア**

パソコンにPDFファイルビューアのアプリがインストールされている場合は、PDFファイルビューアが起動してPDFファイルが表示される場合もあります。

--- COLUMN ---

オプションの設定

80ページのPDF形式で保存する画面で［オプション］をクリックすると、保存時の設定を変更できます。たとえば、PDF形式で保存するページの範囲などを指定できます。

035 文書を印刷する

印刷イメージを確認する

　Excelの標準表示モードでは、用紙の区切りがわかりづらいため、印刷前には、必ず印刷イメージを確認し、必要に応じて印刷時の設定を行います。印刷イメージを表示するには、Backstageビューを表示します。

❶ 印刷イメージを確認するファイルを開いておき、[ファイル]タブをクリックします。

❷ [印刷]をクリックすると、印刷イメージが表示されます。

❸ 複数ページある場合は、ここをクリックしてページを切り替えます。

MEMO ショートカットキー
Ctrl + P キーを押すと、印刷プレビューが表示されます。

［ページ設定］ダイアログボックスを表示する

　Excelで印刷時の設定を行う場所は、複数あります。たとえば、［ページレイアウト］タブのボタンや印刷イメージを確認する画面で設定できます。より詳細の設定を行うには、［ページ設定］ダイアログボックスを表示します。［ページ設定］ダイアログボックスは、［ページレイアウト］タブ、または、印刷イメージを確認する画面から開けます。

❶ ［ページレイアウト］タブの［ページ設定］グループの［ページ設定］をクリックします。

❷ ［ページ設定］ダイアログボックスが表示されます。

> **MEMO 印刷する内容**
>
> ［ページ設定］ダイアログボックスの［シート］タブの［印刷］欄では、印刷時の方法などを選択できます。たとえば、カラープリンターで印刷するときに、セルに設定した塗りつぶしの色をなしにして印刷するには、［白黒印刷］のチェックをオンにして設定を変更して印刷する方法があります。

COLUMN

Backstageビューから表示する

Backstageビューの［印刷］をクリックし、［ページ設定］をクリックしても、［ページ設定］ダイアログボックスを開けます。

036 用紙に収めて印刷する

表を縮小して用紙の幅に収める

　Excelで作成した文書を印刷するとき、表が用紙の幅や高さより大きくてページが分かれてしまう場合は、表を用紙の幅や高さに合わせて縮小する方法や、余白の大きさを狭くして納める方法などがあります。たとえば、下の図の例では、文書が用紙の幅を超えてしまっているため、2ページにわかれてしまっています。用紙1ページに収める設定をすると、文書を縮小して1ページに収められます。

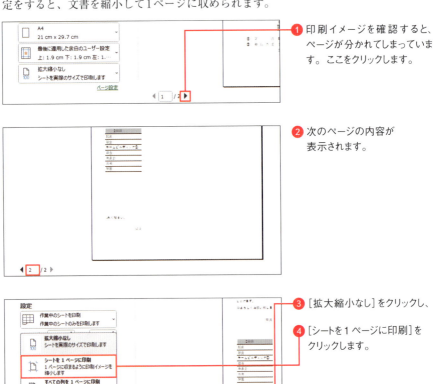

❶ 印刷イメージを確認すると、ページが分かれてしまっています。ここをクリックします。

❷ 次のページの内容が表示されます。

❸ ［拡大縮小なし］をクリックし、

❹ ［シートを1ページに印刷］をクリックします。

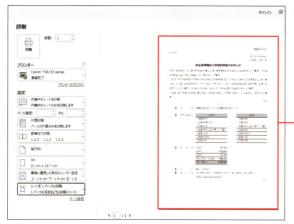

❺ 文書が1ページに収まりました。

> **MEMO** 縦長の表の列を1ページに収める
>
> 縦長の表を印刷するとき、表の幅が用紙の幅に収まらない場合は、手順❸で[すべての列を1ページに印刷]をクリックすると、表の横幅を用紙の幅に収めて、複数ページにわけて印刷できます。たとえば、売上リストなどでデータ数が増えた場合などは、その分だけページ数が増えて印刷されます（219ページ下のCOLUMN参照）。

COLUMN

設定を確認する

印刷イメージを確認する画面で、[ページ設定]をクリックすると、[ページ設定]ダイアログボックスが表示され、設定内容を確認できます。シートを1ページに収める設定にした場合は、次のような設定になります。拡大率や縮小率をパーセントで指定したい場合は、[拡大／縮小]をクリックして指定します。100%より大きい値は拡大、小さい値は縮小になります。

COLUMN

Excelの表やグラフをWordで利用する

　複数ページにわたる長文などは、Wordで作成した方が効率よく作成できます。その文書に、Excelで作成した表やグラフを表示したい場合は、表やグラフを貼り付けて利用できます。貼り付けるときの方法は複数あります。リンク貼り付けの方法で貼り付けると、元のExcelファイルとの関連付けが設定されます。Excelファイルの方でデータが変更されたときにWordの資料にもその変更を反映させられます。

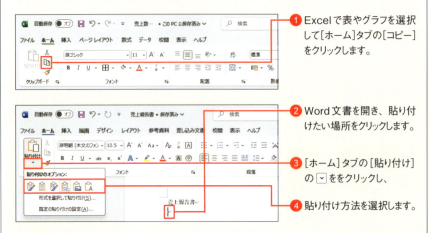

❶ Excelで表やグラフを選択して[ホーム]タブの[コピー]をクリックします。

❷ Word文書を開き、貼り付けたい場所をクリックします。

❸ [ホーム]タブの[貼り付け]の ▽ ををクリックし、

❹ 貼り付け方法を選択します。

　リンク貼り付けをした表やグラフを含むWordのファイルは、Backstageビューの[情報]欄に、リンク元のファイルの情報が表示されます。[ファイルへのリンクの編集]をクリックすると、リンク元を変更したり、リンクの更新方法を指定したりできます。

第 3 章

複雑なレイアウトの
文書作成の技

037 この章で作成する文書

複雑なレイアウトの文書

　複雑な表組が入った文書を作成するには、複数のセルを結合して表の項目や入力欄などを作成します。複数のセルをまとめて結合したり、結合したセルに罫線を引いたりして、効率よく表を作成しましょう。

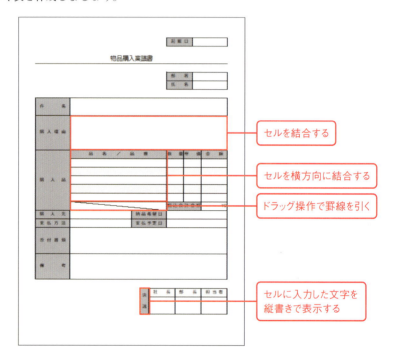

縦書きや横書きが混在したチラシ

　縦書きや横書きが混在したチラシを作成するには、図形を利用するとかんたんに作成できます。また、イラストや写真などを入れて文書を派手に飾ります。

グラフが入った文書

　数値の大きさを比較したり、割合を表示したり、推移を表すには、グラフの利用が欠かせません。棒グラフや円グラフ、折れ線グラフといったよく使うグラフを作成し、グラフで伝えたい内容がわかりやすいように、グラフの見栄えを整えます。

038 セルを結合して文書のレイアウトを整える

セルの書式設定

　複雑に入り組んだ表を作成するときは、列の幅や行の高さを変えて入力欄を作ろうとすると、隣接する入力欄の大きさも同時に変わってしまうため、思うようにいかないケースがあります。そのような場合は、最初に列の幅や行の高さを変更して小さなマス目状のセルを結合しながら表を作成する方法があります。
　ここでは、「物品購入稟議書」の文書を例に作成します。購入する商品などの入力欄を作成します。

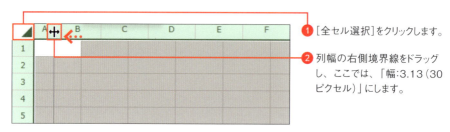

❶ [全セル選択]をクリックします。

❷ 列幅の右側境界線をドラッグし、ここでは、「幅:3.13（30ピクセル）」にします。

❸ 行の下境界線部分をドラッグし、ここでは「高さ:22.50（30ピクセル）」にします。

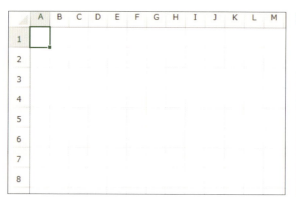

❹ 列幅と行の高さが変更されました。

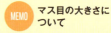

MEMO マス目の大きさについて

列の幅や行の高さは、作成する表に合わせて調整します。入力欄の大きさが微妙に異なる複雑な表を作る場合は、列の幅や行の高さをさらに小さくすると使いやすいでしょう。

項目を入力する

　セルを結合して入力欄を作成する前に、おおよその配置をイメージして項目名を入力しておきましょう。項目名は、セルを結合したときに左上に位置するセルに入力しておきます。最初にページの区切り位置を示す線を表示してから操作します。ここでは、ページの余白は「狭く」に設定しています。

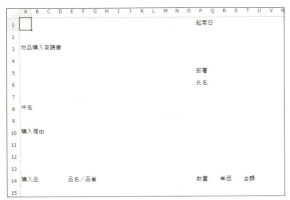

① 43ページの方法で、ページの区切り位置を表示し、項目名を入力します。

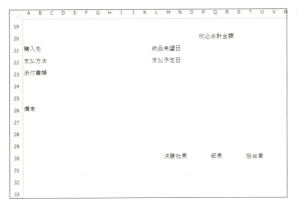

② 画面をスクロールして下の方にも項目名を入力します。

> **MEMO　セル結合を解除する**
>
> セル結合を解除するには、結合されているセルを選択し、[ホーム] タブの [セルを結合して中央揃え] をクリックします。または、[ホーム] タブの [セルを結合して中央揃え] の ▼ をクリックし、[セル結合の解除] をクリックします。セル結合を解除すると、結合しているセルに入力されていた文字は、左上のセルに入力されます。

第3章　複雑なレイアウトの文書作成の技

91

セルを結合する

　セルを結合するときは、横方向のみ結合するか、縦方向と横方向両方を結合するか選択できます。入力する行が1行の横長の入力欄を作る場合などは、横長の入力欄のセル範囲全体を選択し、セルを横方向にだけ結合します。すると、複数の入力欄をまとめて作成できて便利です。

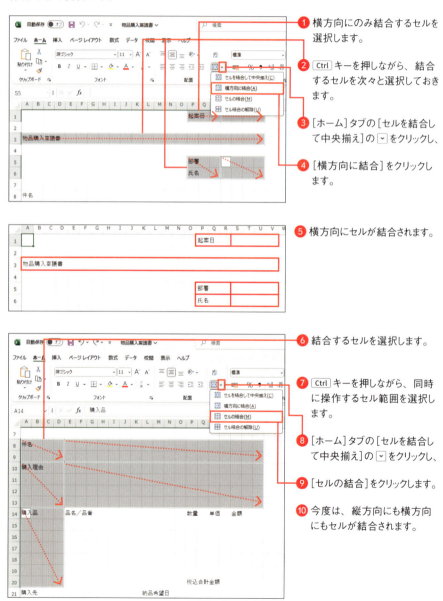

❶ 横方向にのみ結合するセルを選択します。

❷ Ctrl キーを押しながら、結合するセルを次々と選択しておきます。

❸ [ホーム]タブの[セルを結合して中央揃え]の ▼ をクリックし、

❹ [横方向に結合]をクリックします。

❺ 横方向にセルが結合されます。

❻ 結合するセルを選択します。

❼ Ctrl キーを押しながら、同時に操作するセル範囲を選択します。

❽ [ホーム]タブの[セルを結合して中央揃え]の ▼ をクリックし、

❾ [セルの結合]をクリックします。

❿ 今度は、縦方向にも横方向にもセルが結合されます。

MEMO 文字の配置は変わらない

セルを横方向に結合した場合、結合したセルの文字の配置は変わりません。文字を中央に揃える場合などは、別途文字の配置を指定します。

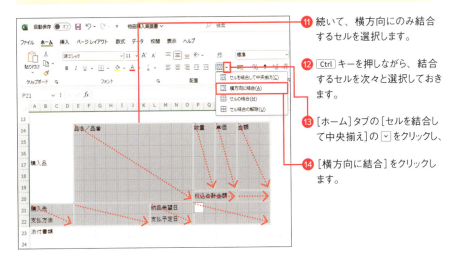

⓫ 続いて、横方向にのみ結合するセルを選択します。

⓬ Ctrl キーを押しながら、結合するセルを次々と選択しておきます。

⓭ [ホーム]タブの[セルを結合して中央揃え]の をクリックし、

⓮ [横方向に結合]をクリックします。

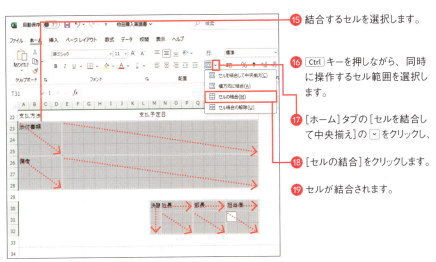

⓯ 結合するセルを選択します。

⓰ Ctrl キーを押しながら、同時に操作するセル範囲を選択します。

⓱ [ホーム]タブの[セルを結合して中央揃え]の をクリックし、

⓲ [セルの結合]をクリックします。

⓳ セルが結合されます。

MEMO 計算式を入力しておく

ここで作成している物品購入稟議書では、購入予定の商品の金額を計算して表示されるようにします。T15セル〜T19セルには、各行の数量と単価を掛け算した結果、T20セルには、T15セル〜T19セルの金額の合計が表示されるように計算式を入力しておきましょう。

039 文字を縦書きにする

文字の方向を変更する

複雑なレイアウトの表を作成するときは、狭いスペースに表をうまく収めるために、表の項目名を縦に表示したり、斜めに表示したりして調整する方法があります。セル内の文字の向きを変更する方法を知っておきましょう。

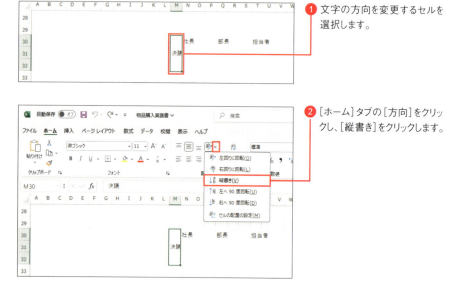

❶ 文字の方向を変更するセルを選択します。

❷ [ホーム]タブの[方向]をクリックし、[縦書き]をクリックします。

配置を調整する

文字の方向を変更したあとは、必要に応じて文字の配置を調整します。ここでは、セルの高さに対して均等に文字を割り付けて表示します。また、インデントを設定して上下に適度な空欄を入れます。

❶ 配置を調整するセルを選択します。

❷ [ホーム]タブの[配置の設定]をクリックします。

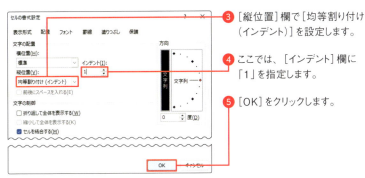

❸ [縦位置]欄で[均等割り付け（インデント）]を設定します。

❹ ここでは、[インデント]欄に「1」を指定します。

❺ [OK]をクリックします。

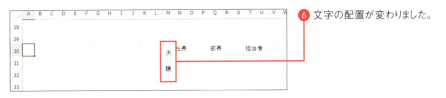

❻ 文字の配置が変わりました。

--- COLUMN ---

文字を斜めに表示する

表の項目の文字が長い場合、なるべく狭く収めるには、文字のサイズを小さくする方法がありますが、文字の大きさを変更したくない場合は、文字を斜めに表示する方法もあります。それには、対象のセルを選択して[セルの書式設定]ダイアログボックスを表示します。[配置]タブの[方向]で角度を指定できます。

MEMO その他の設定

その他のセルの文字の配置なども適宜調整しておきましょう。また、数値が表示されるセルの表示形式を指定したり、表の見出しが目立つように色を付けたりして見た目を整えます。

040 罫線で押印欄を作成する

ドラッグ操作で罫線を引く

表の罫線を引く方法は複数あります。72〜73ページでは、セルを選択してから罫線を引く場所を指定する基本的な方法を紹介しましたが、ここでは、ペンで線を描くような感覚で、ドラッグ操作で引く方法を紹介します。事前にセルを選択する手間はありません。表を見ながら、必要な箇所に素早く線を引くことができます。

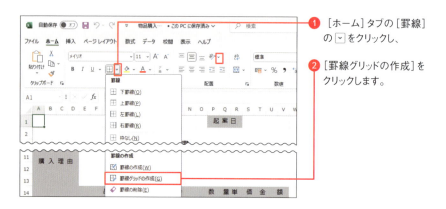

① [ホーム]タブの[罫線]の⌄をクリックし、

② [罫線グリッドの作成]をクリックします。

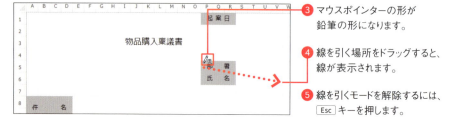

③ マウスポインターの形が鉛筆の形になります。

④ 線を引く場所をドラッグすると、線が表示されます。

⑤ 線を引くモードを解除するには、Escキーを押します。

> **MEMO　線の色やスタイル**
> 線の色や種類を指定するには、手順②で[線の色]や[線のスタイル]をから色やスタイルを選択します。

> **COLUMN**
> **罫線の作成と罫線グリッドの作成**
> 鉛筆で線を描くような感覚で線を引く場合は、[ホーム]タブの[罫線]の⌄をクリックし、[罫線の作成]や[罫線グリッドの作成]を選択します。[罫線の作成]の場合は、斜め方向にドラッグすると、ドラッグした場所の外枠に線が引かれます。[罫線グリッドの作成]の場合は、格子状に線が引かれます。なお、手順②で[線のスタイル]を選択すると、[罫線の作成]が選択されます。

斜めの線を引く

　入力欄のある表で、入力の必要がないセルには、わかりやすいように斜めの線を引いておくとよいでしょう。ここでは、ドラッグ操作で斜めの線を引きます。

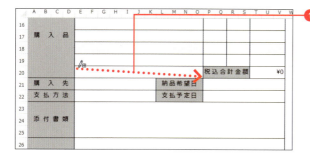

❶ 96ページ手順❶の画面で[罫線の作成]をクリックして、斜めの線を引くセルの左上から右下に向かってドラッグします。

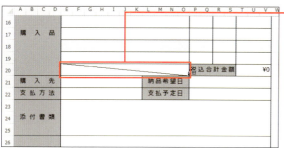

❷ 斜めの線が表示されます。

❸ 線を引くモードを解除するには、[Esc]キーを押します。

> **MEMO　セルを区切る枠線**
>
> ワークシートに表示されているセルを区切る枠線は、通常、印刷時には表示されません。印刷時に表に線を引くには、罫線を引いておきましょう。なお、セルを区切る枠線を表示しない場合は、[表示]タブの[表示]の[目盛線]のチェックを外します。

― COLUMN ―

ドラッグ操作で罫線を消す

　ドラッグ操作で、消しゴムで線を消すような感覚で1本ずつ線を消すには、前のページの手順❷で[罫線の削除]を選択してドラッグ操作で罫線を削除するモードに切り替えます。罫線を削除するモードを解除するには、[Esc]キーを押します。なお、指定したセル範囲にひかれた罫線をまとめて消す場合は、73ページの方法で操作した方が素早く線を消せます。

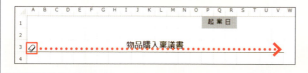

041 文書全体のデザインを一括で変更する

テーマについて

　Excelで文書を作成するとき、全体のデザインを統括するテーマを選択できます。テーマには、「Office」「オーガニック」「ギャラリー」などさまざまな種類があり、テーマによって、文書で使用する色の組み合わせやフォント、図形を作成したときの質感などのデザインが異なります。そのため、テーマを変更することで、文書の印象がかわいらしい感じになったり、落ち着いた印象になったり大きく変わります。たとえば、チラシなどを作成するとき、文書に合ったテーマを選択すれば、文書の雰囲気に合う、統一感のあるデザインに仕上げられます。

「シャボン」の場合

「木版活字」の場合

 既定のテーマ

既定のテーマは「Office」です。また、使用しているExcelのバージョンなどによって、テーマの内容は異なります。

テーマを変更する

　テーマを設定するには、［ページレイアウト］タブから選択します。テーマを変更すると、全体のデザインが変わるので、用紙内に収まっていた内容が溢れてしまうケースもあります。そのため、テーマはなるべく早い段階で選択するとよいでしょう。
　なお、選択したテーマによってはファイルサイズが大きくなることもあるので注意します。

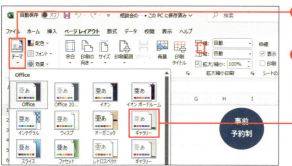

1. ［ページレイアウト］タブの ［テーマ］をクリックします。

2. テーマにマウスポインターを移動すると、そのテーマを選択したときのイメージが表示されるので、確認してテーマをクリックします。

3. テーマが適用されます。

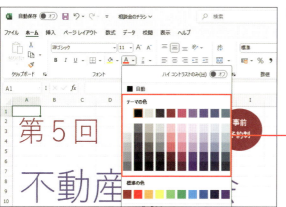

4. ［ホーム］タブの［フォントの色］をクリックした場合など、テーマの色を選択できます。

COLUMN

色やフォントのテーマを指定する

色やフォント、効果のテーマのみを変更する場合は、［ページレイアウト］タブの［配色］や［フォント］、［効果］ボタンをクリックして指定します。

042 文書に画像を挿入する

画像を追加する

　文書に写真やイラストなどの画像を追加すると、文書で説明しているものの具体的な外観などを瞬時に伝えられます。ここでは、あらかじめパソコンに保存した写真を追加してみましょう。Excel 2024やMicrosoft 365のExcelを使用している場合は、写真をセルの上に配置するか、セル内に収めて配置するかを選択できます。

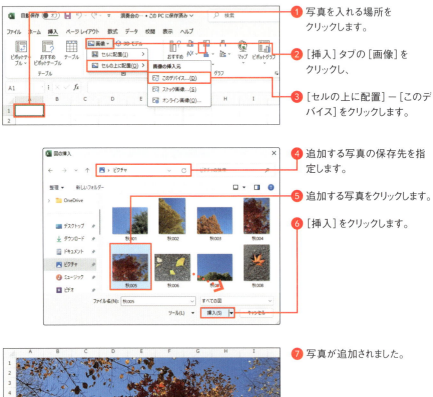

1 写真を入れる場所をクリックします。
2 ［挿入］タブの［画像］をクリックし、
3 ［セルの上に配置］-［このデバイス］をクリックします。
4 追加する写真の保存先を指定します。
5 追加する写真をクリックします。
6 ［挿入］をクリックします。

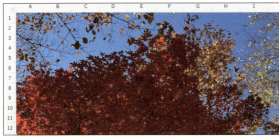

7 写真が追加されました。

セルに配置

100ページ手順❸で[セルに配置]を選択すると、画像がセルの中に配置されます。画像を選択すると右上に表示される[セルの上に配置]や[セル内に配置]をクリックすると、セル内かセルの上に配置するかを切り替えられます。

画像の配置を変更する

写真の大きさや位置などを変更します。大きさを変更するには、写真を選択して周囲に表示されるサイズ変更ハンドルをドラッグします。また、写真をドラッグすると、写真を移動できます。

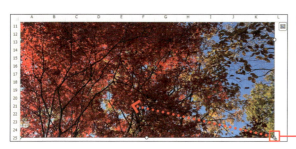

❶ 写真をクリックして選択します。

❷ サイズ変更ハンドルにマウスポインターを移動し、ドラッグします。

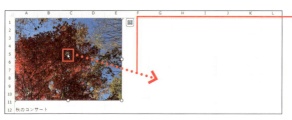

❸ 写真の大きさが変わりました。写真をドラッグします。

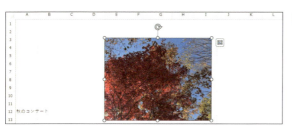

❹ 写真が移動しました。

 回転させる

写真を選択すると写真の上に表示される回転ハンドルをドラッグすると、写真を回転させられます。また、写真を反転するには、写真を選択し、[図の形式]タブの[オブジェクトの回転]から指定します。

043 画像を編集する

画像のスタイルを変更する

写真を選択すると表示される［図の形式］タブには、写真を編集するためのさまざまな機能のボタンが表示されています。写真の周囲に枠を付けたり、ぼかしの処理をして見た目を整えたりするには、図のスタイルを選択します。飾りの種類を一覧から選択するだけで、かんたんに加工できて便利です。

① 写真をクリックして選択します。

② ［図の形式］タブの［図のスタイル］の［クイックスタイル］をクリックします。

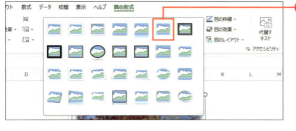

③ スタイル（ここでは［四角形、ぼかし］）をクリックします。

④ スタイルが設定されます。

> **MEMO 設定をリセットする**
>
> 画像に設定した書式をリセットするには、画像を選択し、［図の形式］タブの［図のリセット］をクリックします。また、書式とサイズ変更をリセットするには、［図のリセット］の ▼ をクリックして［図とサイズのリセット］をクリックします。ただし、ファイルを保存して閉じたあとに、再度開いた場合などは、リセットできない場合もあります。

画像の明るさを変更する

　写真の明るさや色合いなどもかんたんに調整できます。写真を加工するときは、加工後のイメージを確認しながら、設定を行えます。文書に複数の写真を追加するとき、写真によって明るさが大きく異なる場合などは、明るさを合わせて調整しましょう。

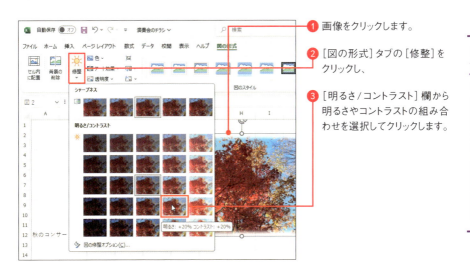

❶ 画像をクリックします。

❷ [図の形式]タブの[修整]をクリックし、

❸ [明るさ/コントラスト]欄から明るさやコントラストの組み合わせを選択してクリックします。

❹ 明るさやコントラストが変わります。

--- COLUMN ---

アート効果

写真を水彩画や線画のようなイメージに加工するには、[図の形式]タブの[アート効果]をクリックして、加工方法を選択します。設定後のイメージを事前に確認してから設定を行えます。

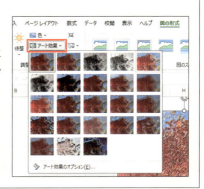

044 オンライン画像を利用する

画像を検索して追加する

　Office 2021以降やMicrosoft 365のOfficeでは、ストック画像というオンライン上の素材集のような機能を利用できます。ストック画像には、写真やイラスト、アイコンなどの種類があります。ストック画像の写真を追加してみましょう。

　ここでは、「演奏会のチラシ」の文書を例に作成します。デザインのテーマは「ウィスプ」にしています。ページの余白は「狭く」に設定しています。チラシを作成するときも、事前にページの区切りの位置を確認しておきましょう。

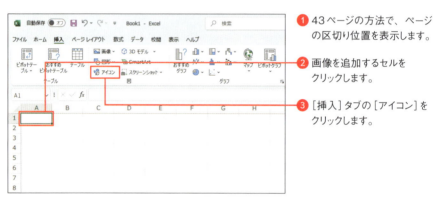

❶ 43ページの方法で、ページの区切り位置を表示します。

❷ 画像を追加するセルをクリックします。

❸ ［挿入］タブの［アイコン］をクリックします。

❹ ［ストック画像］ダイアログボックスで、画像の種類を選択します。

> **MEMO　配置を変更する**
>
> ストック画像の大きさや表示位置を変更する方法は、写真の大きさや位置を変更する方法と同様です。

❺ 写真を検索するキーワードを入力し、Enter キーを押します。

❻ 追加する画像をクリックします。

❼ ［挿入］をクリックします。

MEMO　ストック画像

ストック画像の検索結果に表示される画像の種類などは、お使いのOfficeの種類などによって異なります。

❽ ストック画像の写真が追加されました。

MEMO　複数の画像を選択する

複数の画像をクリックして、まとめて追加することもできます。［挿入］をクリックする前に、画像をクリックして選択します。

COLUMN

イラストを追加する

ストック画像の［イラスト］を選択すると、ストック画像のイラストを探して追加できます。なお、選択しているテーマによって、イラストの色は変わります。色を変更するには、イラストを挿入後、クリックして選択し、［グラフィックス形式］タブの［グラフィックの塗りつぶし］などから色を選択します。

045 アイコンを利用する

アイコンを追加する

　ここでは、オンライン上のアイコンを検索して追加する方法を紹介します。ストック画像と同様に、キーワードでアイコンを検索して追加できます。アイコンは、シンプルなイラストと同じ感覚で使ったり、図解の図を作成する場合に、図で示すキーワードを直観的にイメージしてもらう道具として活用したりできます。

　なお、アイコンはExcel 2019以降で利用できます。画面の表示は若干異なります。

1 画像を追加するセルをクリックします。

2 [挿入] タブの [アイコン] をクリックします。

3 [ストック画像] ダイアログボックスが表示されるので、アイコンを検索するためのキーワードを入力して Enter キーを押します。

4 追加するアイコンをクリックします。

5 [挿入] をクリックします。

6 アイコンが追加されます。

> **MEMO 配置を変更する**
>
> アイコンの大きさや位置を変更する方法は、写真を扱う方法と同様です。

アイコンの色を変更する

　アイコンを追加すると、最初は黒で表示されますが、色を変更することもできます。また、枠線の色を付けたり、影を付けたりして加工することもできます。加工後のイメージを事前に確認して設定できます。

❶ アイコンをクリックします。

❷ ［グラフィックス形式］の［図のスタイル］をクリックします。

❸ スタイルをクリックします。

❹ スタイルが設定されて色が変わります。

 影を付ける

アイコンに影を付けたり光彩の飾りを付けたりするには、アイコンを選択し、［グラフィックス形式］タブの［グラフィックスの効果］をクリックし、飾りの種類を選択します。

107

046 テキストボックスや図形を追加する

テキストボックスを追加する

テキストボックスとは、文字を入力する専用の図形です。テキストボックスは、大きさを変更したり配置を変更したりするのも自由にできるので、文書のレイアウトを思い通りに整えたいときに役立ちます。なお、テキストボックスには、横書きのものと縦書きのものの2種類あります。

① [挿入] タブの [図形] をクリックし、

② [縦書きテキストボックス] をクリックします。

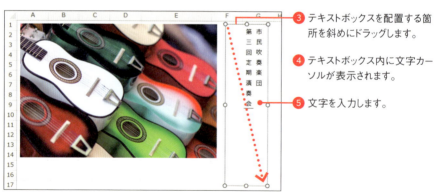

③ テキストボックスを配置する箇所を斜めにドラッグします。

④ テキストボックス内に文字カーソルが表示されます。

⑤ 文字を入力します。

MEMO 外枠の線を消す

テキストボックスの外枠を消すには、テキストボックスを選択し、[図形の書式] タブの [図形の枠線] から [枠線なし] を選びます。

MEMO 文字の書式を変更する

テキストボックスや図形内の文字のフォントや大きさを変更するには、テキストボックスや図形の外枠をクリックして選択し、[ホーム] タブの [フォント] や [フォントサイズ] から選択します。特定の文字のみ変更する場合は、文字を選択してからフォントやサイズを選択します。

図形をセルの枠にぴったり合わせて配置する

　Excelでは、さまざまな形の図形を追加できます。ここでは、図形をセルの枠にぴったり合わせて描く方法を紹介します。たとえば、角が丸いタイプの図形をセルにぴったり合わせて表示すれば、セルに入力した表の周りを囲って表示できます。

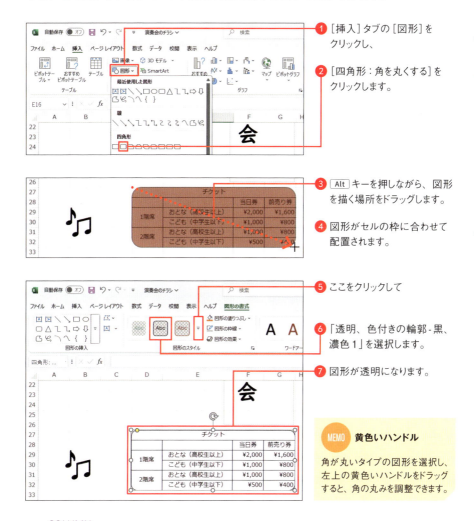

① [挿入]タブの[図形]をクリックし、

② [四角形：角を丸くする]をクリックします。

③ Alt キーを押しながら、図形を描く場所をドラッグします。

④ 図形がセルの枠に合わせて配置されます。

⑤ ここをクリックして

⑥ 「透明、色付きの輪郭 - 黒、濃色1」を選択します。

⑦ 図形が透明になります。

MEMO　黄色いハンドル

角が丸いタイプの図形を選択し、左上の黄色いハンドルをドラッグすると、角の丸みを調整できます。

COLUMN

図形にも文字を入力できる

ほとんどの図形も文字を入力できます。図形に文字を入力するには、図形を選択した状態で文字を入力します。文字の配置は、図形を選択し、[ホーム]タブの[上揃え][上下中央揃え][下揃え][左揃え][中央揃え][右揃え]ボタンなどで調整します。

047 テキストボックスで自由に文字を配置する

図形の上下左右の余白を指定する

　このSectionでは、テキストボックスや図形に入力した文字の配置を調整する方法を紹介します。入力する文章の量や内容によって、読みやすいように配置を整えます。テキストボックスや図形に文字を入力したときに、外枠と文字の距離が近く窮屈に見える場合は、図形の上下左右の余白を指定します。図形の書式の詳細を指定する［図形の書式設定］作業ウィンドウで設定します。

① 余白を調整するテキストボックスを右クリックします。

② ［図形の書式設定］をクリックします。

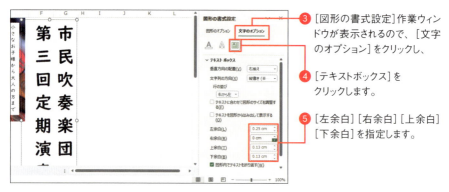

③ ［図形の書式設定］作業ウィンドウが表示されるので、［文字のオプション］をクリックし、

④ ［テキストボックス］をクリックします。

⑤ ［左余白］［右余白］［上余白］［下余白］を指定します。

文章を2段組みにする

雑誌などで見かけるような、1行に複数の列を用意して文字を入力するには、テキストボックスを配置して段組みの設定をする方法があります。長い文章を入力するとき、1行当たりの文字数が多いと、文字を目で追うときに読みづらさを感じることがあります。そのような場合は、段組みの設定にすることで、1行当たりの長さが短くなるので、文章が読みやすくなります。

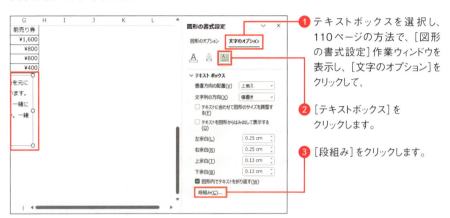

❶ テキストボックスを選択し、110ページの方法で、[図形の書式設定]作業ウィンドウを表示し、[文字のオプション]をクリックして、

❷ [テキストボックス]をクリックします。

❸ [段組み]をクリックします。

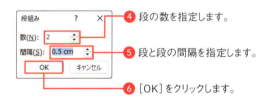

❹ 段の数を指定します。

❺ 段と段の間隔を指定します。

❻ [OK]をクリックします。

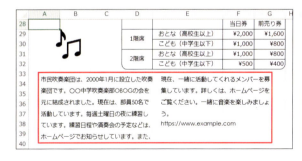

❼ 段組みが設定されました。

> **MEMO 段組みの設定を変更する**
>
> 段組みの設定を変更するには、このページの手順❶から❸の操作を行い[段組み]ダイアログボックスを表示して内容を指定します。

タブで文字の先頭位置を揃える

　テキストボックスの中に、細々な情報を整理して表示したい場合は、Tab キーを利用して文字の先頭位置を揃えながら入力する方法があります。テキストボックスに表を追加することはできませんが、タブを利用することで、文字列を表のように整理して表示できます。

❶ 文字を入力後、Tab キーを押します。

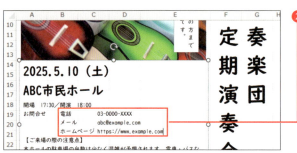

❷ 既定のタブ位置まで文字カーソルの位置が移動します。文字を入力し、Tab キーを押して文字を入力して Enter キーを押します。Tab キーで文字カーソルを移動したり Enter キーで改行したりしながら文字を入力します。

― COLUMN ―

タブ位置の既定値を指定する

文字を入力後 Tab キーを押すと、文字列の先頭から2.54cmずつ文字カーソルの位置を左にずらせます。タブの機能を利用することで、複数行にわたって文字の先頭位置を揃えられます。ここでは、タブ機能の詳細は紹介していませんが、Tab キーを押したときに、どの位置まで文字カーソルを移動するか、文字を揃える位置は左右どちらにするかなど、細かく指定することもできます。それには、タブ位置を設定する段落内で右クリックし、［段落］をクリックすると表示される［段落］ダイアログボックスの［タブとリーダー］をクリックし、［タブ］ダイアログボックスで指定します。

行や文字の間隔を調整する

　テキストボックスの文字の大きさを変更すると、行間も自動的に調整されます。行間が広すぎたり狭すぎたりしてバランスが悪い場合は、行間を調整しましょう。また、文字と文字の間隔が詰まって見える場合は、間隔を広く余裕を持たせると読みやすくなります。行間や文字の間隔を変更する段落を選択して調整します。

❶ 行間を変更する段落を選択します。
❷ 選択した段落の上で右クリックし、
❸ ［段落］をクリックします。

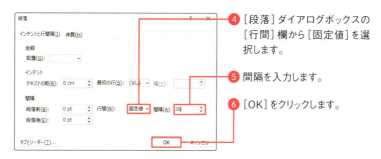

❹ ［段落］ダイアログボックスの［行間］欄から［固定値］を選択します。
❺ 間隔を入力します。
❻ ［OK］をクリックします。

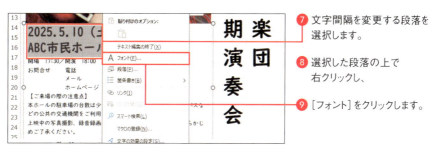

❼ 文字間隔を変更する段落を選択します。
❽ 選択した段落の上で右クリックし、
❾ ［フォント］をクリックします。

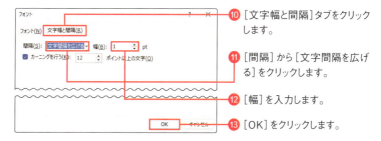

❿ ［文字幅と間隔］タブをクリックします。
⓫ ［間隔］から［文字間隔を広げる］をクリックします。
⓬ ［幅］を入力します。
⓭ ［OK］をクリックします。

113

箇条書きの行頭文字を設定する

　テキストボックスに箇条書きの文字を入力するときは、箇条書きの行頭文字を設定すると、項目と項目の区別がわかりやすくなります。行頭の記号は、一覧から選んで指定できます。項目の数を強調したり、手順を示したりする場合などは、行頭に番号を表示するとわかりやすくなります。

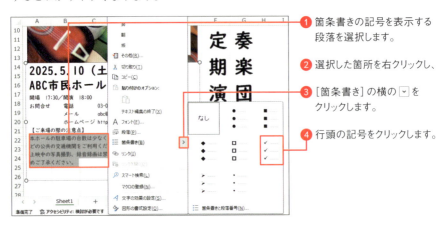

❶ 箇条書きの記号を表示する段落を選択します。

❷ 選択した箇所を右クリックし、

❸ ［箇条書き］の横の をクリックします。

❹ 行頭の記号をクリックします。

❺ 行頭に記号が設定されます。

> **MEMO　段落**
> 段落とは、改行後の次の行の先頭から次の改行までのまとまった単位のことです。

COLUMN

番号を設定する

行頭に番号を設定するには、手順❹で、［箇条書きと段落番号］をクリックします。表示される画面の［段落番号］タブをクリックし、番号の振り方を選択します。

インデントを設定する

前のページの方法で箇条書きの書式を設定すると、段落の先頭行の左端の位置が自動的に調整されます。文字の左端の位置などは、インデントの設定でも調整できます。たとえば、箇条書きの文字を、もう少し下げて表示したい場合などは、設定を変更します。

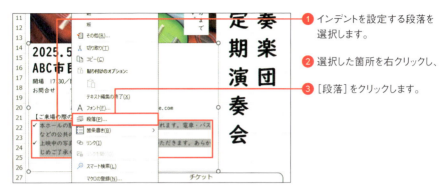

❶ インデントを設定する段落を選択します。

❷ 選択した箇所を右クリックし、

❸ [段落]をクリックします。

❹ [インデントと行間隔]タブの[テキストの前]の位置を指定します。

❺ [OK]をクリックします。

❻ 先頭の字下げ位置が変わります。

COLUMN

字下げやぶら下げインデント

[段落]ダイアログボックスの[インデントと行間隔]タブの[インデント]の[最初の行]欄で[字下げ]を選択して[幅]を指定すると、段落の1行目の字下げ位置を指定できます。また、[テキストの前]を指定し、[最初の行]欄で[ぶら下げ]を選択して[幅]を指定すると、先頭行と2行目以降の位置を調整できます。箇条書きの書式を設定している場合は、箇条書きの記号や番号と、文字までの距離を調整できます。

048 写真に文字を重ねる

図形を半透明にして画像に重ねる

写真の上に文字を表示して、文字の後ろに写真が薄く透けて見えるようにするには、文字を入力した図形を写真の上に配置して、図形の背景の色を半透明にする方法があります。[図形の書式設定] 作業ウィンドウで、図形の色、透明度をパーセント単位で指定します。100%に近づけると透明に近くなります。

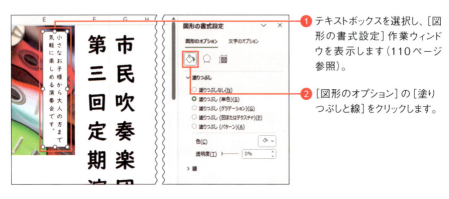

① テキストボックスを選択し、[図形の書式設定] 作業ウィンドウを表示します(110ページ参照)。

② [図形のオプション] の [塗りつぶしと線] をクリックします。

③ [透明度] 欄で透明度を指定すると、透明度が変わります。

 MEMO 図形の重ね順を変更する

図形の上に図形を重ねると、あとから書いた図形が前の図形の上に重なります。あとから書いた図形を既存の図形の下に表示したい場合などは、図形の重ね順を変更します。それには、図形を選択して [図形の書式] タブの [前面へ移動] ([背面へ移動]) を選択します。図形が3つ以上重なっている場合などは、[最前面へ移動] ([最背面へ移動]) を選択して一番上や一番下に移動することもできます。

図形の周囲をぼかして表示する

　図形の効果を指定すると、図形の周囲をぼかしたり図形の周囲に影を付けたりして飾りを付けることができます。飾りを付けたあとは、必要に応じてテキストボックスの余白などを指定して調整します。

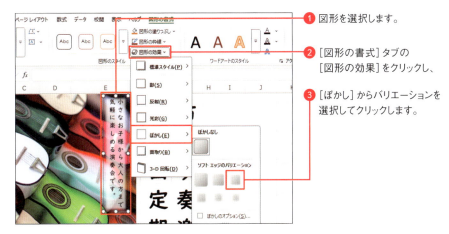

❶ 図形を選択します。

❷ [図形の書式] タブの [図形の効果] をクリックし、

❸ [ぼかし] からバリエーションを選択してクリックします。

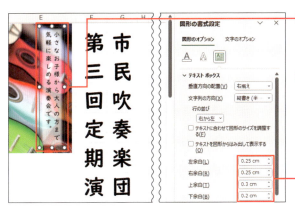

❹ 図形の周囲にぼかしの効果が設定されます。必要に応じて図形の大きさを調整します。

❺ 110ページの方法で、余白を調整します。

COLUMN

図形の一覧から図形の表示／非表示を切り替える

[図形の形式]タブの[オブジェクトの選択と表示]をクリックすると、[選択]作業ウィンドウが表示されます。[選択]作業ウィンドウには、図形の一覧が表示されます。右端のマークをクリックすると、図形の表示／非表示を切り替えられます。図形が図形の後ろに隠れて見えない場合などは、図形の表示／非表示を切り替えて図形を選択して操作します。

049 デザイン効果を加えた タイトルを作る

ワードアートを追加する

　チラシのタイトルなど、派手に飾った文字を配置するには、ワードアートの機能を使うと便利です。文字のデザインを一覧から選択するだけで、飾りのついた文字が表示されます。文字を修正するだけで、タイトルなどを配置できます。
　ここでは、「相談会のチラシ」の文書を例に作成します。デザインのテーマは「メインイベント」にしています。事前にページの区切りの位置を確認しておきましょう。

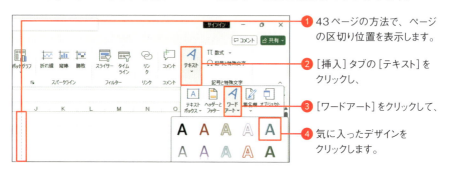

❶ 43ページの方法で、ページの区切り位置を表示します。
❷ [挿入] タブの [テキスト] をクリックし、
❸ [ワードアート] をクリックして、
❹ 気に入ったデザインをクリックします。

❺ 文字が表示されます。

❻ 文字を修正します。
❼ 文字以外の箇所をクリックします。必要に応じて、フォントやフォントサイズを指定します。

 文字のフォントや大きさ

文字のフォントを変更するには、ワードアートの外枠をクリックし、[ホーム] タブの [フォント] の ▼ をクリックしてフォントを選択します。文字の大きさは [フォントサイズ] の ▼ をクリックして選択します。

ワードアートのスタイルを変更する

　ワードアートの文字は、あとから色や文字の輪郭の色、影などの飾りを変更して見た目を調整できます。また、文字を配置する形状を変更することもできます。

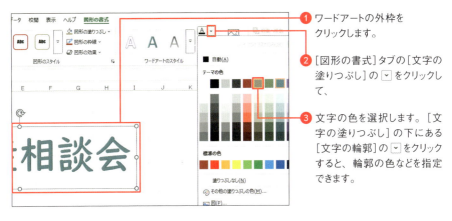

1. ワードアートの外枠をクリックします。
2. ［図形の書式］タブの［文字の塗りつぶし］の □ をクリックして、
3. 文字の色を選択します。［文字の塗りつぶし］の下にある［文字の輪郭］の □ をクリックすると、輪郭の色などを指定できます。

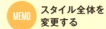

4. 文字の色などが変更されます。

> **MEMO　スタイル全体を変更する**
> ワードアートの全体のスタイルを変更するには、［図形の書式］タブの［クイックスタイル］をクリックしてスタイルを選択します。

COLUMN

飾りや形状を指定する

文字に影を付けたり、立体的に表示したり、文字の並びの形状を変更したりするには、［文字の書式］タブの［文字の効果］をクリックし、設定項目を選択します。［変形］から文字の形状を選択すると、文字を円形に配置したりすることもできます。

050 記号や特殊文字を入力する

記号を入力する

文字の入力中に、キーボードには刻印されていない記号を入力するには、記号の読みがなで変換して入力します。よく使う記号の読みを覚えておくとよいでしょう。読みがながわからない場合は、「きごう」という読みがなで入力する方法もあります。

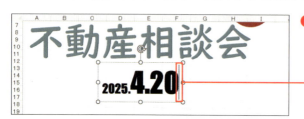

❶ 記号を入力する箇所に文字カーソルを移動します。

❷ 記号のよみ（ここでは「にち」）を入力し、[スペース]キーを押して記号を選択します。

❸ [Enter]キーを押すと、記号が表示されます。

COLUMN

よく使う記号のよみ

記号の読みを入力し、[スペース]キーを押して変換すると、記号を入力できます。変換候補を多く表示するには、変換候補が表示されている状態で[Tab]キーを押します。

主な記号の読み

読み	入力できる記号
まる	○●◎
しかく	□■◇◆
さんかく	△▲▽▼
いち	①
ゆうびん	〒
こめ	※
かっこ	【】『』≪≫??

120

絵文字や特殊文字を入力する

［記号と特殊文字］ダイアログボックスを表示すると、記号や特殊文字を一覧から選択して入力できます。また、文字を自動的に変換するオートコレクト機能で入力する方法もあります。

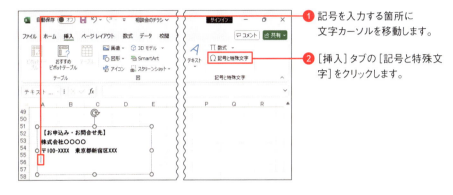

1. 記号を入力する箇所に文字カーソルを移動します。
2. ［挿入］タブの［記号と特殊文字］をクリックします。

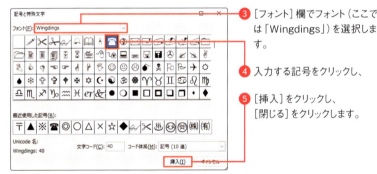

3. ［フォント］欄でフォント（ここでは「Wingdings」）を選択します。
4. 入力する記号をクリックし、
5. ［挿入］をクリックし、［閉じる］をクリックします。

6. 記号が表示されます。

COLUMN

［記号と特殊文字］

セルに文字を入力中、［挿入］タブの［記号と特殊文字］をクリックすると、［記号と特殊文字］ダイアログボックスに［特殊文字］タブが表示されます。［特殊文字］タブから記号を選択して［挿入］をクリックすると記号を入力できます。なお、［特殊文字］タブは、図形に文字を入力する場合などには表示されないので注意します。ただし、セルに入力した文字をコピーして図形内の文字列に貼り付けることはできます。

051 図表を挿入する

SmartArtを追加する

物事の手順や概念、関係性、対立構造、何かを構成するキーワードを示すリストなどをわかりやすく伝えるには、図解の図を利用すると効果的です。図を作るのは面倒に思うかもしれませんが、SmartArtを利用すれば、一覧から図を選択し、箇条書きでキーワードを入力するだけで図を作成できます。

文字の入力は、[テキストウィンドウ]を使います。箇条書きのレベルを指定できる場合、行頭で Tab キーを押すとレベルが下がり、 Shift + Tab キーを押すとレベルが上がります。キーワードを入力し、改行したりレベルを指定したりしながら図の内容を指定します。[テキスト]ウィンドウが表示されない場合は、SmartArtを選択し、[SmartArtデザイン]タブの[テキストウィンドウ]をクリックします。

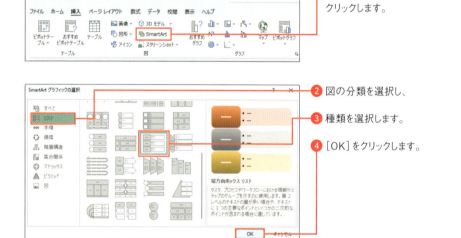

1. [挿入]タブの[SmartArt]をクリックします。
2. 図の分類を選択し、
3. 種類を選択します。
4. [OK]をクリックします。

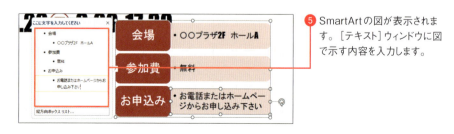

5. SmartArtの図が表示されます。[テキスト]ウィンドウに図で示す内容を入力します。

図のデザインを変更する

　SmartArtの機能を使って図を作成したあとに、図形の表示順を変更したり、項目のレベルを変更したりするには、[SmartArtのデザイン]タブから変更します。また、SmartArtのスタイルや色合いなども変更できます。スタイルは、[SmartArtのスタイル]の[クイックスタイル]をクリックして選択します。[色の変更]をクリックすると、色合いを変更できます。

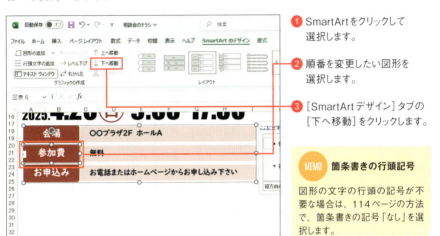

① SmartArtをクリックして選択します。

② 順番を変更したい図形を選択します。

③ [SmartArtデザイン]タブの[下へ移動]をクリックします。

> **MEMO 箇条書きの行頭記号**
>
> 図形の文字の行頭の記号が不要な場合は、114ページの方法で、箇条書きの記号「なし」を選択します。

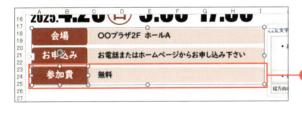

④ 図形の順番が変わります。下の階層の文字を含む図形も移動しています。

COLUMN

図形の形を変更する

図形の機能を使った描いた図形も、SmartArtを作成して描かれた図形も、図形の形をあとから変更できます。それには、まず、変更する図形を選択します。複数の図形を選択する場合は、1つ目の図形を選択後、[Ctrl]キー、または[Shift]キーを押しながら同時に選択する図形をクリックします。[書式]([図形の書式])タブの[図形の変更]から図形の種類を選択します。

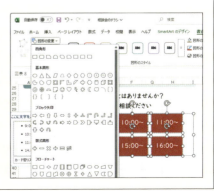

052 グラフを挿入する

グラフを追加する

数値の大きさや割合、推移をわかりやすく伝えるのに、グラフの利用は欠かせません。Excelでは、さまざまな種類のグラフを追加できます。グラフを作成するときは、まず、グラフの元になる表のセル範囲を選択します。続いてグラフの種類を選択します。このSectionでは、グラフ作成の基本を紹介します。

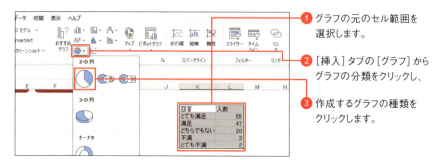

❶ グラフの元のセル範囲を選択します。

❷ ［挿入］タブの［グラフ］からグラフの分類をクリックし、

❸ 作成するグラフの種類をクリックします。

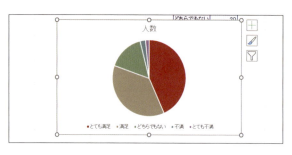

❹ グラフの土台が完成します。

COLUMN

グラフの種類

グラフを作成するときは、伝えたい内容に合わせて種類を選択します。たとえば、次のようなグラフがあります。

主なグラフの種類

内容	種類
比較	棒グラフなど
推移	折れ線グラフ、面グラフ、積み上げ面グラフ、100％積み上げ面グラフなど
割合	円グラフ、ドーナツグラフ、積み上げ棒グラフ、100％積み上げ棒グラフなど
分布	散布図、バブルチャートなど
バランス	レーダーチャートなど

グラフの構成を確認する

　グラフは、さまざまな部品によって構成されています。それぞれの部品をグラフ要素と言います。グラフを編集するときは、どのグラフ要素を表示するかどうかを指定します。また、グラフ要素を選択して、表示方法を指定したり色などの書式を変更したりします。グラフを構成する主なグラフ要素を知っておきましょう。

　グラフ要素を選択するには、グラフ要素にマウスポインターを移動し、グラフ要素の名前が表示されたところでクリックします。また、グラフを選択し、[書式] タブの [グラフ要素] をクリックして選択するグラフ要素をクリックします。

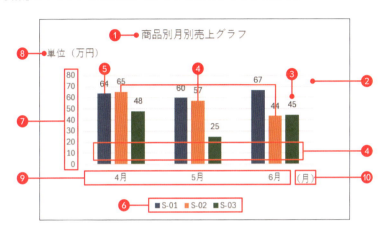

❶ グラフタイトル　　　グラフタイトルを示します。
❷ プロットエリア　　　グラフの元のデータが表示される部分です。
❸ データラベル　　　　グラフの元の数値や項目名を示すラベルです。
❹ データ系列　　　　　グラフの元の表の行や列単位の項目です（棒グラフの場合、同じ色の棒の集まり）。
❺ データ要素　　　　　データ系列を構成する1つの要素です（棒グラフの場合、1本1本の棒）。
❻ 凡例　　　　　　　　グラフで表示しているデータ系列の色などを示すマーカーです。
❼ 縦（値）軸　　　　　数値の大きさを示す左端の軸です。
❽ 縦（値）軸ラベル　　縦（値）軸の内容を補足するラベルです。
❾ 横（項目）軸　　　　項目名を示す下端の軸です。
❿ 横（項目）軸ラベル　横（項目）軸の内容を補足するラベルです。

― COLUMN ―

グラフの色合いを変更する

グラフの色合いを変更するには、グラフを選択し、[グラフスタイル] をクリックし、[色] をクリックして色合いを選んでクリックします。

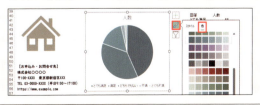

MEMO　グラフの位置

グラフの大きさを変更するには、グラフをクリックしてグラフの外側に表示されるサイズ変更ハンドルをドラッグします。グラフの位置を変更するには、グラフの外枠をドラッグします。

第3章　複雑なレイアウトの文書作成の技

053 円グラフを編集する

データラベルを追加する

円グラフを利用すると、数値の割合をわかりやすく表現できます。円グラフを作成したあとは、円グラフで示している割合の項目名とパーセントをグラフ内に表示すると見やすくなります。グラフの周囲に表示すれば、凡例とグラフを見比べなくてもすぐに把握できます。

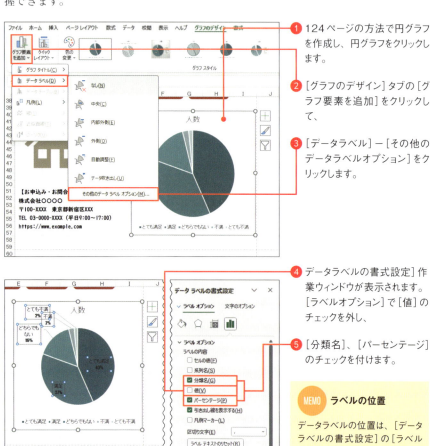

1. 124ページの方法で円グラフを作成し、円グラフをクリックします。
2. [グラフのデザイン] タブの [グラフ要素を追加] をクリックして、
3. [データラベル] – [その他のデータラベルオプション] をクリックします。
4. データラベルの書式設定] 作業ウィンドウが表示されます。[ラベルオプション] で [値] のチェックを外し、
5. [分類名]、[パーセンテージ] のチェックを付けます。

MEMO ラベルの位置

データラベルの位置は、[データラベルの書式設定] の [ラベルの位置] で調整できます。また、グラフに表示されているデータラベルの外枠をドラッグして移動することもできます。

データラベルの表示方法を調整する

データラベルの文字の大きさやフォント、表示形式などを変更して見やすく調整しましょう。前のページの続きで、データラベルを選択した状態で操作します。

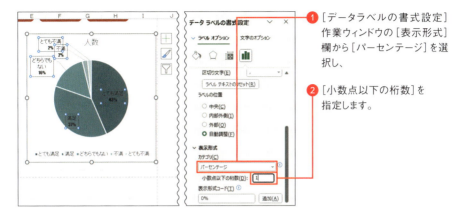

① [データラベルの書式設定] 作業ウィンドウの [表示形式] 欄から [パーセンテージ] を選択し、

② [小数点以下の桁数] を指定します。

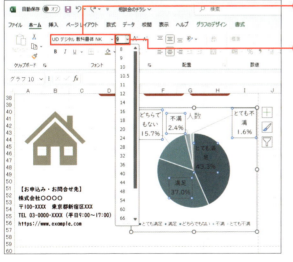

③ [ホーム] タブの [フォント] でフォントを指定します。

④ [フォントサイズ] でフォントサイズを指定します。

COLUMN

グラフ要素を追加/削除する

グラフを作成中、余計なグラフ要素を削除するには、削除するグラフ要素を選択して [Delete] キーを押します。また、グラフを選択し、[グラフのデザイン] タブの [グラフ要素を追加] をクリックして削除するグラフ要素にマウスポインターを移動して [なし] を選択します。表示位置を変更するときは、一覧から表示する場所を選択します。

凡例を削除してグラフを大きく表示する

前のページでは、円グラフにデータラベルを表示して分類名や割合を示すパーセントを表示しました。データラベルがあれば、凡例は不要です。グラフがすっきり見やすくなるように、余計なものを削除します。

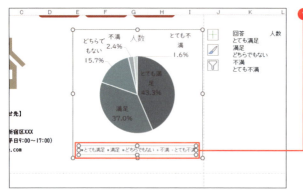

① 凡例をクリックし、Deleteキーを押します。同様に、グラフタイトルも削除します。

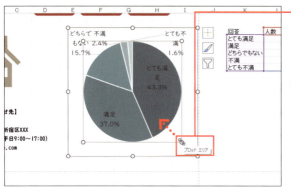

② グラフのデータが表示されている個所にマウスポインターを移動し、「プロットエリア」と表示された箇所をクリックします。

③ プロットエリアの周囲のサイズ変更ハンドルをドラッグして大きさを調整します。

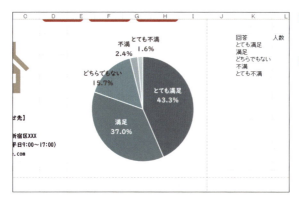

④ データラベルの外枠をドラッグして位置を整えます。

⑤ 文字の色などを変更して表示を整えます。

 MEMO グラフの枠線を消す

グラフの周囲の外枠線を消すには、グラフを選択し、[書式]タブの[図形の枠線]をクリックして[枠線なし]をクリックします。

グラフにメモを追加する

　グラフで伝えたい内容を文字で補足するには、吹き出しの図形などを追加して文字を入力する方法があります。このとき、グラフを選択した状態で図形を追加するとよいでしょう。そうすると、あとでグラフを移動した場合も、グラフと一緒に図形が移動するので、別々に位置を調整する手間が省けます。

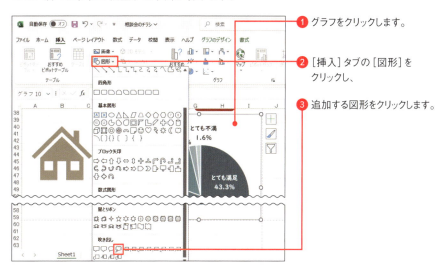

① グラフをクリックします。

② ［挿入］タブの［図形］をクリックし、

③ 追加する図形をクリックします。

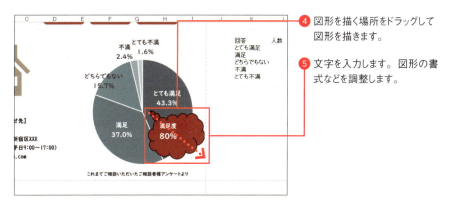

④ 図形を描く場所をドラッグして図形を描きます。

⑤ 文字を入力します。図形の書式などを調整します。

MEMO 吹き出し口を調整する

図形を描いて図形を選択したときに、黄色いハンドルが表示された場合は、ハンドルをドラッグして図形の形を調整できます。吹き出しの図形は、黄色いハンドルをドラッグして、吹き出し口の位置を調整します。

MEMO 印刷前に確認する

画像や図形を追加してチラシなどを作成したとき、画面では見えていても、印刷すると画像や図形が欠けてしまう場合があります。印刷前には、印刷イメージを確認し、必要に応じて図形の大きさなどを調整しましょう。

054 棒グラフを編集する

棒グラフを作成して軸の単位を指定する

　数値の大きさをかんたんに比較できるように、棒グラフを作成します。グラフの基になるセル範囲を選択して、縦棒グラフや横棒グラフなど、グラフの種類を選択します。
　グラフを作成したあとは、軸の単位を変更したり、棒の間隔を調整したり、注目してほしい箇所がわかりやすいように色を変更するなどして完成させましょう。
　ここでは、ここでは、「売上報告書」の文書を例に作成します。

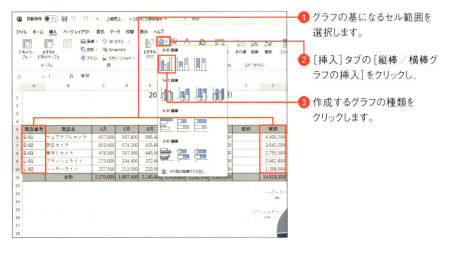

❶ グラフの基になるセル範囲を選択します。

❷ ［挿入］タブの［縦棒／横棒グラフの挿入］をクリックし、

❸ 作成するグラフの種類をクリックします。

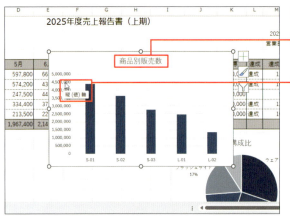

❹ 棒グラフが表示されます。

❺ グラフタイトル内をクリックし、タイトルの文字を変更します。

❻ グラフの縦軸にマウスポインターを移動し、［縦（値）軸］と表示される箇所でダブルクリックします。

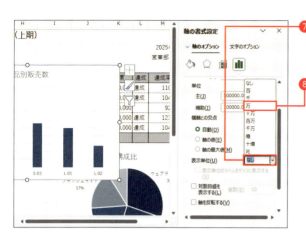

7 ［軸の書式設定］作業ウィンドウが表示されます。［表示単位］欄をクリックし、

8 ［万］をクリックします。

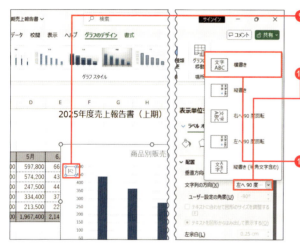

9 軸の単位が「万」単位になり、軸ラベルが表示されます。軸ラベルをクリックします。

10 ［表示単位ラベルの書式設定］作業ウィンドウの［ラベルオプション］－［サイズとプロパティ］の画面が表示されます。［文字列の方向］欄をクリックし、

11 ［横書き］をクリックします。

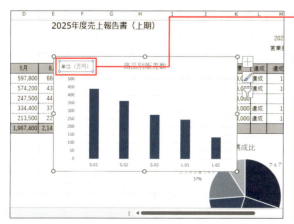

12 軸ラベル内をクリックし文字を修正します。

13 軸ラベルの外枠をドラッグして位置を調整します。

MEMO 位置を調整する

軸ラベルの外枠をドラッグして位置を調整したとき、グラフのプロットエリアの位置が変わってしまった場合は、プロットエリアを選択して、プロットエリアの配置を調整します（128ページ参照）。

131

棒グラフを編集する

グラフを作成したあとは、伝えたい内容をわかりやすく伝えるために、グラフを編集しましょう。ここでは、データラベルを表示したり、棒の太さや色を変更したりします。

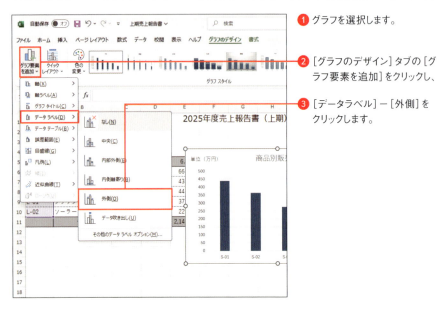

① グラフを選択します。

② [グラフのデザイン] タブの [グラフ要素を追加] をクリックし、

③ [データラベル] − [外側] をクリックします。

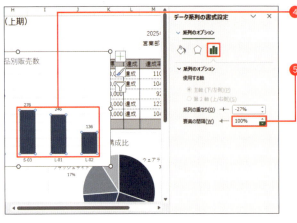

④ データラベルが表示されます。棒グラフの棒をダブルクリックします。

⑤ [データ系列の書式設定] 作業ウィンドウの [要素の間隔] で棒の間隔を指定します。

> **MEMO 要素の間隔**
>
> 棒が細くて弱々しく見える場合は、安定感があるように [要素の間隔] を変更して棒を太くします。0%にすると、棒がくっついて表示されます。なお、[系列の重なり] は、グラフに複数のデータ系列を表示している場合に、データ系列の棒を重ねて表示する場合に指定します。

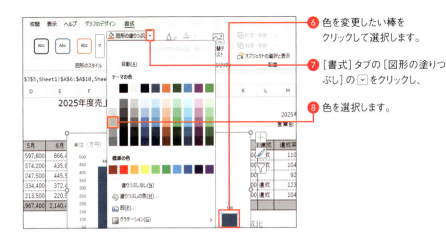

❻ 色を変更したい棒を
クリックして選択します。

❼ [書式] タブの [図形の塗りつぶし] の ▼ をクリックし、

❽ 色を選択します。

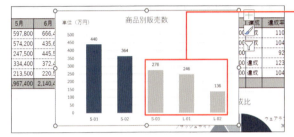

❾ 色が変わります。同様に、ほかの棒の色を変更します。

- COLUMN -

横棒グラフを活用する

　棒グラフを作成するとき、項目軸に表示される商品名などの文字が長い場合は、横棒グラフにすると、コンパクトに収められます。なお、横棒グラフでは、表の項目とグラフに表示される項目の順番が逆になります。必要に応じて軸を反転させて表示を整えておきましょう。それには、グラフの「縦（項目）軸」をダブルクリックし、[軸の書式設定] 作業ウィンドウで [軸のオプション] − [軸のオプション] をクリックし、[軸を反転する] をクリックします。横軸を下に表示するには、[横軸との交点] で [最大項目] をクリックします。

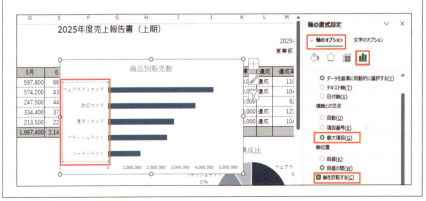

055 折れ線グラフを編集する

折れ線グラフを作成する

時系列に沿ったデータの動きを示すには、折れ線グラフを利用すると良いでしょう。項目軸に年や月の項目を配置して、データの推移を表すことができます。

折れ線グラフを作成したあとは、線の太さやマーカーの大きさなどを変更して、グラフの見た目を整えます。必要に応じて、軸の目盛の単位や最小値、最大値、間隔などを調整します。

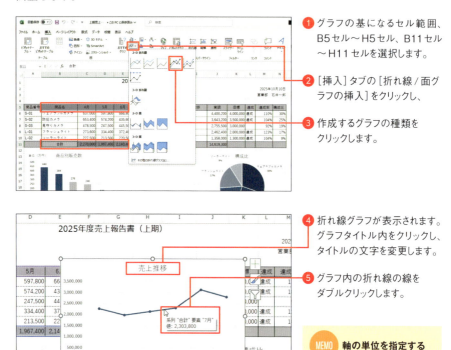

❶ グラフの基になるセル範囲、B5セル～H5セル、B11セル～H11セルを選択します。

❷ [挿入] タブの [折れ線/面グラフの挿入] をクリックし、

❸ 作成するグラフの種類をクリックします。

❹ 折れ線グラフが表示されます。グラフタイトル内をクリックし、タイトルの文字を変更します。

❺ グラフ内の折れ線の線をダブルクリックします。

MEMO 軸の単位を指定する

縦軸の表示単位を万円単位などに変更する方法は、棒グラフの場合と同様です (131ページ参照)。

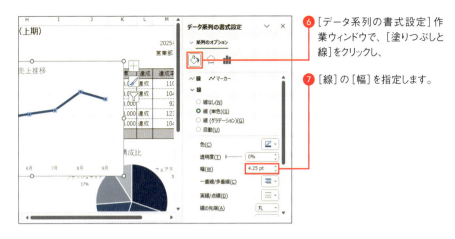

6 [データ系列の書式設定]作業ウィンドウで、[塗りつぶしと線]をクリックし、

7 [線]の[幅]を指定します。

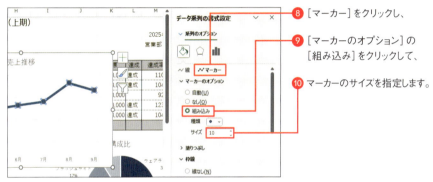

8 [マーカー]をクリックし、

9 [マーカーのオプション]の[組み込み]をクリックして、

10 マーカーのサイズを指定します。

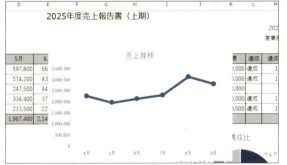

11 折れ線グラフの線の太さやマーカーの大きさが変わりました。

> **MEMO** 目盛の間隔などを指定する
>
> 折れ線グラフの縦軸の目盛の間隔などを変更するには、[縦(値)軸]をダブルクリックし、表示される[軸の書式設定]作業ウィンドウで、[軸のオプション]-[軸のオプション]をクリックします。[軸のオプション]欄で、[境界値]の[最小値]や[最大値]、[単位]などを指定します。

135

056 スパークラインで推移や勝敗を表す

スパークラインを設定する

　表を基にグラフを作成すると、基本的には、1つの数値軸で値を示します。そのため、データ系列ごとに数値が大きく異なる場合は、それぞれの数値の大きさや推移の違いがわかりづらい場合があります。

　そのような場合は、スパークラインを使ってみましょう。スパークラインでは、行ごとに軸の最小値や最大値が自動的に設定されます。行単位の数値の動きなどを、それぞれの行に棒グラフや折れ線グラフのような見た目で表示できます。そのため、たとえば、商品によって売上金額が大きく異なるような場合でも、数値の大きさや推移をわかりやすく表示できます。

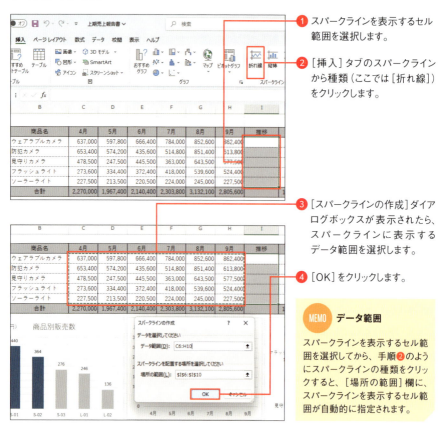

❶ スパークラインを表示するセル範囲を選択します。

❷ [挿入]タブのスパークラインから種類(ここでは[折れ線])をクリックします。

❸ [スパークラインの作成]ダイアログボックスが表示されたら、スパークラインに表示するデータ範囲を選択します。

❹ [OK]をクリックします。

> **MEMO　データ範囲**
> スパークラインを表示するセル範囲を選択してから、手順❷のようにスパークラインの種類をクリックすると、[場所の範囲]欄に、スパークラインを表示するセル範囲が自動的に指定されます。

スパークラインのスタイルを変更する

　スパークラインを作成後は、色合いや、数値の位置を示すマーカーの表示方法を変更したりして調整します。また、行ごとに、軸の最小値や最大値などを自動設定するか、すべてのスパークラインで同じ値を使用するかなどを指定できます。

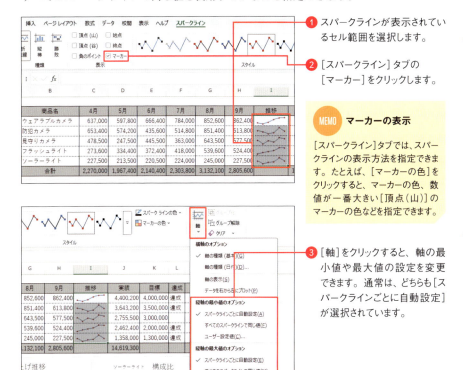

❶ スパークラインが表示されているセル範囲を選択します。

❷ ［スパークライン］タブの［マーカー］をクリックします。

> **MEMO　マーカーの表示**
>
> ［スパークライン］タブでは、スパークラインの表示方法を指定できます。たとえば、［マーカーの色］をクリックすると、マーカーの色、数値が一番大きい［頂点（山）］のマーカーの色などを指定できます。

❸ ［軸］をクリックすると、軸の最小値や最大値の設定を変更できます。通常は、どちらも［スパークラインごとに自動設定］が選択されています。

COLUMN

スパークラインの種類

スパークラインには、縦棒、折れ線、勝敗の種類があります。縦棒は棒の長さで数値の大きさを示します。折れ線は、線の傾きで数値の推移を示します。勝敗は、数値のプラスマイナスを示します。

— COLUMN —

ExcelでAI機能を利用するには？（Copilot）

　Microsoft 365 Copilotとは、ExcelやWordなどで利用できるAIの機能です。Microsoft 365のOfficeを使用していて、Microsoft 365 Copilotを使用する契約（有料）をしている場合に利用できます。Excelの場合は、Microsoft 365 CopilotのMicrosoft 365 Copilot in Excelを利用します。

　Microsoft 365 Copilotは、開いているファイルを直接扱えるのが利点です。Excelでは、表に列を追加して計算結果を表示したり、表を基にクロス集計表やグラフを作成してもらったりすることができます。なお、Microsoft 365 Copilot in Excelを利用するには、事前準備が必要です。ファイルは、OneDriveに保存します。操作内容によっては、表をテーブルに変換しておきます。

　また、個人用のMicrosoft 365のOfficeを利用している場合に、OfficeのAI機能を利用する方法は、Microsoftのホームページを参照して下さい。

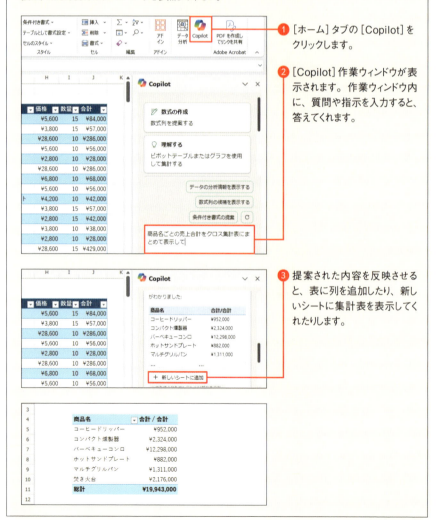

❶ [ホーム] タブの [Copilot] をクリックします。

❷ [Copilot] 作業ウィンドウが表示されます。作業ウィンドウ内に、質問や指示を入力すると、答えてくれます。

❸ 提案された内容を反映させると、表に列を追加したり、新しいシートに集計表を表示してくれたりします。

第4章

自動計算や入力規則を使う
文書作成の技

057 この章で作成する文書

計算式が入った請求書

　この章では、計算式の入った文書を作成します。表のデータを利用して計算式を作成しましょう。たとえば、請求書などでは、価格と数量を掛けた金額、金額の合計、消費税額、金額の合計に消費税額を足した請求金額などを計算して表示します。また、請求書に記載する項目を表示するときは、商品の品番などを入力すると、別表を参照して商品名や価格などが自動表示されるようにすると便利です。データを参照して表示する関数などを使って、実現しましょう。

　また、計算式が入った文書を使うときは、入力欄以外はデータを入力できないようにシートを保護しておくことができます。せっかく作成した計算式を間違って消してしまったりすることがないように準備します。

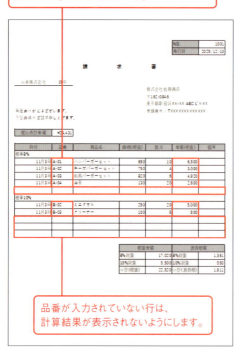

品番を入力すると別表から該当する商品名や価格が表示されるようにします。

計算式が入ったセルにデータが入力されないように保護します。

品番が入力されていない行は、計算結果が表示されないようにします。

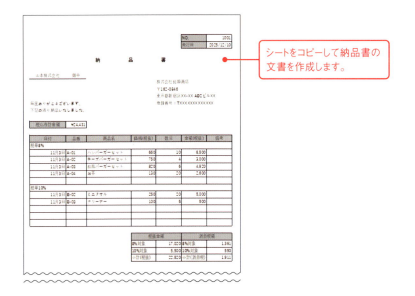

入力ルールを設定したタスク管理表

　表にデータを入力するときは、どのようなデータを入力するのかに合わせて、入力規則というルールを設定できます。たとえば、このセルにデータを入力するときは「今日以降の日付データを入力できるようにする」「選択肢を表示して、選択肢の中から入力するデータを選べるようにする」「日本語入力モードを自動的にオンにする」など指定できます。入力規則を設定した文書を作成してみましょう。

　入力規則を設定することで、間違ったデータが入力されるのを防ぐことができます。また、入力の効率をあげる効果も期待できます。

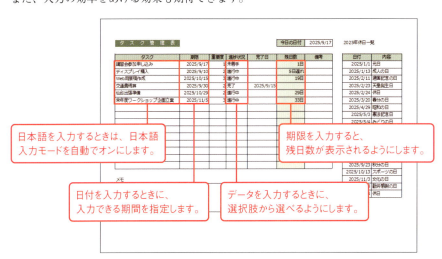

141

058 価格と数量から金額を計算する

計算式を入力する

　セルに入力されている値を使って計算をします。ここでは、「金額(税抜)」欄に「価格(税抜)」と「数量」を掛け算した結果を表示します。計算式を作成するときは、計算結果を表示するセルを選択し、「＝」から計算式を入力し始めます。計算式は、一般的にセル番地を指定しながら作成します。

　ここでは、「請求書」の文書を例に作成します。ページの余白は「狭く」に設定しています。事前にページの区切りの位置も確認しておきましょう。なお、サンプルファイルには、サンプルのデータがあらかじめ入力されています。

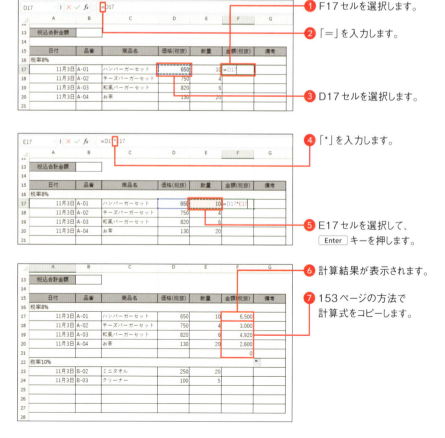

❶ F17セルを選択します。
❷ 「＝」を入力します。
❸ D17セルを選択します。
❹ 「*」を入力します。
❺ E17セルを選択して、Enterキーを押します。
❻ 計算結果が表示されます。
❼ 153ページの方法で計算式をコピーします。

計算式を修正する

　142ページでは、「金額（税抜）」を計算する計算式を作成しましたが、計算の元になる値が入力されていないと、計算結果に「0」が表示されます。ここでは、見た目を整えるために、計算の元になる値が入力されていないときは、空欄になるように指定します。IF関数を使って、品番が入力されているかどうかを判定し、空欄の場合は空欄にし、空欄ではないときは、「価格（税込）」と「数量」を掛けた結果が表示されるようにします。

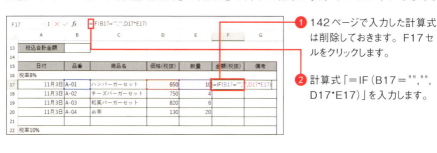

❶ 142ページで入力した計算式は削除しておきます。F17セルをクリックします。

❷ 計算式「=IF（B17="",""，D17*E17）」を入力します。

❸ 計算結果が表示されます。

❹ 計算式をコピーします。21行目は、品番が入力されていないので、空欄に見えます。

❺ 同様の方法で、F23セルにも計算式「=IF（B23="",""，D23*E23）」を入力しておきます。

❻ 計算式をコピーします。

> **MEMO　表示形式**
> ここでは、計算結果を表示するセルに、桁区切りの「,（カンマ）」が表示されるようにあらかじめ設定をしています。

> **MEMO　「""」の意味**
> 計算式の中で文字を扱うには、文字列を「"」で囲って記述します。「""」は、文字が入っていない状態、空欄の状態を意味します。

059 金額の合計を別のセルに表示する

計算式を入力する

前のページで計算した金額の合計金額を表示します。税率ごとに、税抜金額の合計を求めます。「8%対象」に税率8%の分の「金額（税抜）」の合計、「10%対象」に税率10%の分の「金額（税抜）」の合計を表示します。合計は、SUM関数を使ってかんたんに求められます。

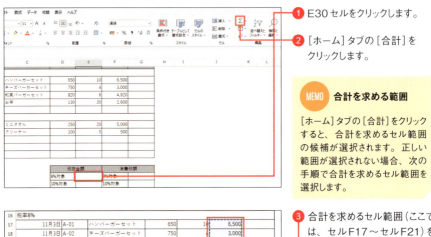

❶ E30セルをクリックします。

❷ ［ホーム］タブの［合計］をクリックします。

> **MEMO 合計を求める範囲**
>
> ［ホーム］タブの［合計］をクリックすると、合計を求めるセル範囲の候補が選択されます。正しい範囲が選択されない場合、次の手順で合計を求めるセル範囲を選択します。

❸ 合計を求めるセル範囲（ここでは、セルF17〜セルF21）を選択し、Enterキーを押します。

❹ 計算結果が表示されます。

❺ 同様の方法で、E31セルに10%の分の「金額（税抜）」の合計を求める計算式「＝SUM(F23:F27)」を入力し、Enterキーを押します。

その他の計算式を入力する

「小計（税抜）」に、税率8％の分の「金額（税抜）」と税率10％の分の「金額（税抜）」を足した結果を表示します。ここでもSUM関数を使用します。

1. E32セルをクリックします。
2. ［ホーム］タブの［合計］をクリックします。

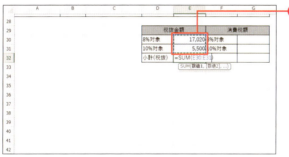

3. 合計を求めるセル範囲（ここでは、セルE30〜セルE31）をドラッグして選択し、Enterキーを押します。

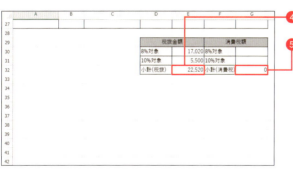

4. 計算結果が表示されます。
5. 同様の方法で、G32セルに、「小計（消費税）」にG30セルとG31セルの合計を表示する計算式「＝SUM(G30:G31)」を入力します。

> **MEMO 消費税額**
>
> 「小計（消費税）」は、計算対象のG30〜G31にデータが入力されていないので、計算結果は「0」になります。このあとのページで、消費税を求める計算式を入力します。

060 消費税を計算する

消費税を計算する

　税抜の金額を元に、消費税額を計算する計算式を入力します。税率ごとに「8%対象」「10%対象」の消費税額を求めます。消費税は、税抜の金額に税率の8%や10%を掛け算して求めますが、ここでは、消費税を計算したときに1円未満の端数がある場合、端数を処理します。1円未満の端数を四捨五入したり、切り捨て、切り上げたりするには、ROUND関数、ROUNDDOWN関数、ROUNDUP関数を使います。いずれの関数も書き方は同じです。引数には、計算対象の数値と、どの桁の数値を処理するのか桁数を指定します。桁数に「0」を指定した場合は、小数点以下第1位を処理して四捨五入、切り捨て、切り上げをします。

❶ G30セルを選択します。
❷ [関数の挿入] ボタンをクリックします。

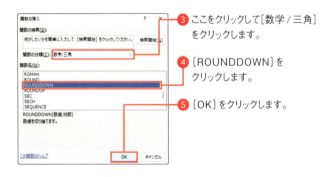

❸ ここをクリックして [数学／三角] をクリックします。
❹ [ROUNDDOWN] をクリックします。
❺ [OK] をクリックします。

COLUMN

表示形式の指定との違い

小数点以下の表示桁数を指定する方法には、[ホーム] タブの [数値] グループの [小数点以下の表示桁数を増やす] [小数点以下の表示桁数を減らす] ボタンで指定する方法があります。この方法で指定すると、指定した桁数で表示するためにその一つ下の桁が四捨五入されて見た目が調整されます。ただし、実際の数値は変わりません。そのため、表示されている値を使って計算をした場合などは、計算結果が間違っているように見えることもあるので注意します。

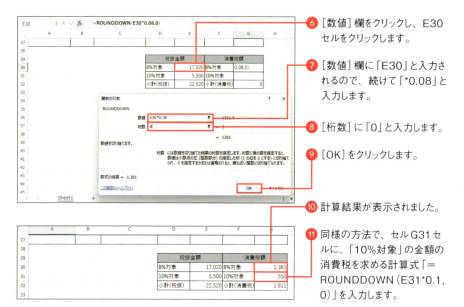

❻ [数値]欄をクリックし、E30セルをクリックします。

❼ [数値]欄に「E30」と入力されるので、続けて「*0.08」と入力します。

❽ [桁数]に「0」と入力します。

❾ [OK]をクリックします。

❿ 計算結果が表示されました。

⓫ 同様の方法で、セルG31セルに、「10％対象」の金額の消費税を求める計算式「=ROUNDDOWN（E31*0.1,0）」を入力します。

 MEMO 端数の切り捨て

ここでは、8％対象の税抜金額「17,020」に「0.08」を掛けて8％分の消費税を計算します。消費税は「1361.6」になりますが、ROWNDDOWN関数で端数を切り捨てているので、8％対象の消費税額は「1,361」になります。

― COLUMN ―

ROUND関数／ROUNDDOWN関数／ROUNDUP関数

ROUND関数を使うと、指定した桁数で数値を四捨五入して処理します。ROUNDDOWN関数を使うと、指定した桁数で数値を切り捨てして処理します。ROUNDUP関数を使うと、指定した桁数で数値を切り上げて処理します。関数の書き方は、同じです。

書式

=ROUND（数値,桁数）
=ROUNDDOWN（数値,桁数）
=ROUNDUP（数値,桁数）
　数値　端数を処理する数値を
　　　　指定します。
　桁数　どの桁の数値を処理するかを
　　　　指定します。

桁数の指定例

桁数	説明
2	小数点以下第3位を四捨五入（切り捨て、切り上げ）します。
1	小数点以下第2位を四捨五入（切り捨て、切り上げ）します。
0	小数点以下第1位を四捨五入（切り捨て、切り上げ）します。
−1	1の位を四捨五入（切り捨て、切り上げ）します。
−2	10の位を四捨五入（切り捨て、切り上げ）します。

061 小計と合計を計算する

計算式を入力する

「税込合計金額」を表示する計算式を入力します。ここでは、「小計（税抜）」と、「小計（消費税）」を足した結果を表示します。2つのセルの値を足し算する計算式を入力します。必要に応じて、表示形式を指定して見栄えを整えます。ここでは、「¥」と桁区切りの「カンマ（,）」が表示されるように通貨表示形式を指定しています。

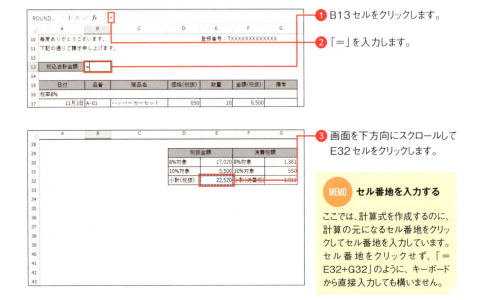

① B13セルをクリックします。

② 「＝」を入力します。

③ 画面を下方向にスクロールしてE32セルをクリックします。

MEMO セル番地を入力する

ここでは、計算式を作成するのに、計算の元になるセル番地をクリックしてセル番地を入力しています。セル番地をクリックせず、「＝E32+G32」のように、キーボードから直接入力しても構いません。

④ 「＋」を入力します。

⑤ G32セルをクリックすると、「G32」と入力されるので、Enter キーを押します。

MEMO SUM関数でも求められる

ここでは、足し算の式を入力して計算をしていますが、SUM関数を使って計算することもできます。たとえば、B13セルに「＝SUM（E32,G32）」の計算式を入力しても同じ結果になります。離れた場所のセルの値の合計を求めるには、セルを「,（カンマ）」で区切って指定します。

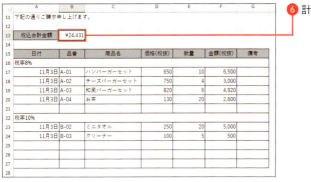

❻ 計算結果が表示されます。

COLUMN

計算元のセル番地を変更する

計算式で指定したセル番地を修正するには、計算式が入力されているセルをダブルクリックします。すると、セル内に計算式が表示されてカーソルが表示されます。キーボードからセル内に表示されている計算式を正しい内容に修正します。また、数式バーをクリックして数式バーに表示されている計算式を修正することもできます。

なお、計算式の修正中は、計算式の元のセル番地が色付きの枠で囲まれます。表示されている枠の外枠部分をドラッグして計算式の元のセル番地を変更することもできます。

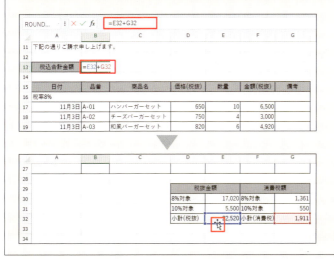

062 商品の品番から商品名を表示する

別表から情報を参照する

　請求書などで、商品の品番などを入力したときに、該当する商品名や価格が自動的に表示されるようにするには、XLOOKUP関数やVLOOKUP関数を使う方法があります。これらの関数を使うには、請求書などの表とは別に、商品の品番や商品名、価格などの情報をまとめた別表を用意します。別表から該当する項目を探し出す手がかりになる検索値の存在を意識しながら計算式を指定します。

　なお、XLOOKUP関数やVLOOKUP関数は、商品の品番から該当する商品名や価格を表示する目的のほか、検索値に指定した数値によって、成績を付ける目的などでも利用できます。どちらの目的で利用するのかは、関数の引数で指定できます。前者の方法は、商品の品番などが完全に一致するデータを検索する「完全一致」、後者の方法は、完全に一致するデータがない場合、決められたルールに基づいて検索結果を見つけ出す「近似一致」を指定します。本書では、前者の完全に一致するデータを探す方法を紹介します。

　なお、XLOOKUP関数は、Excel 2021以降で使用できる新しい関数です。XLOOKUP関数は、VLOOKUP関数にはないメリットがある一方、古いExcelでは、計算式をかんたんに修正できなくなるので注意しましょう。

　以下の別表を準備します。ここでは、消費税8%の商品リストと消費税10%の商品リストを別に作成しています。

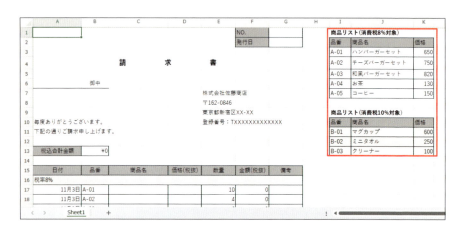

--- COLUMN ---

XLOOKUP関数とVLOOKUP関数

XLOOKUP関数とVLOOKUP関数は、どちらも同じようなことができる関数ですが、次のような違いがあります。XLOOKUP関数は新しい関数で、メリットも多くありますが、Excel 2021以降で使用できる関数です。以前のExcelでXLOOKUP関数が入ったブックを開くと、計算式の内容は、変換されます。計算結果は表示されますが、XLOOKUP関数の式の一部を修正したりはできないので注意します。

XLOOKUP関数のメリット

- スピル機能に対応しているので、商品の品番に該当する商品名や価格などをまとめて表示できる
- 別表を作成するときに、検索値を見つける列を左端に配置する必要がないので、別表のレイアウトを比較的自由に設定できる
- 検索値が見つからない場合に表示する内容を手軽に指定できる

VLOOKUP関数のメリット

- 以前のバージョンのExcelでも利用できる

--- COLUMN ---

XLOOKUP関数の書式

別表から該当する内容を参照して表示します。引数の［一致モード］で、検索方法を指定します。品番に該当する商品名を表示するなど「完全一致」の方法で検索するか、試験の点数の範囲に応じて該当する成績を表示するなど「近似一致」の方法で検索するかを指定できます。XLOOKUP関数で、この引数を省略した場合は「完全一致」の方法で検索します。

書式

=XLOOKUP（検索値,検索範囲,戻り値の範囲,見つからない場合,一致モード,検索モード）

検索値	別表からデータを探す手がかりにするデータを指定します。
検索範囲	別表の検索値が入力されているセル範囲を指定します。引数の［検索範囲］と引数の［戻り値の範囲］に指定する別表のセル範囲は、同じ行数（列数）で指定します。
戻り値の範囲	別表の検索範囲に対応する、商品名や価格などの戻り値が入力されているセル範囲を指定します。
見つからない場合	検索値に一致するデータがない場合に表示する内容を指定します。この引数を省略した場合、検索値に一致するデータがない場合は「#N/A」が表示されます。
一致モード	検索する方法を指定します。「0」（既定）を指定すると、検索値に完全に一致するデータが見つかった場合に戻り値を表示し、一致するデータがない場合は、引数の［見つからない場合］の内容を表示します。その他の設定値は、ヘルプを参照してください。
検索モード	検索する方向などを指定します。「1」（既定）を指定すると、別表の検索範囲の先頭の項目から検索します。その他の設定値は、ヘルプを参照してください。

第4章　自動計算や入力規則を使う文書作成の技

XLOOKUP関数を入力する

　XLOOKUP関数を入力し、商品の品番から商品名や価格を表示します。XLOOKUP関数は、スピル機能に対応した関数です。ここでは、品番に該当する商品の商品名と価格を一度に表示します。

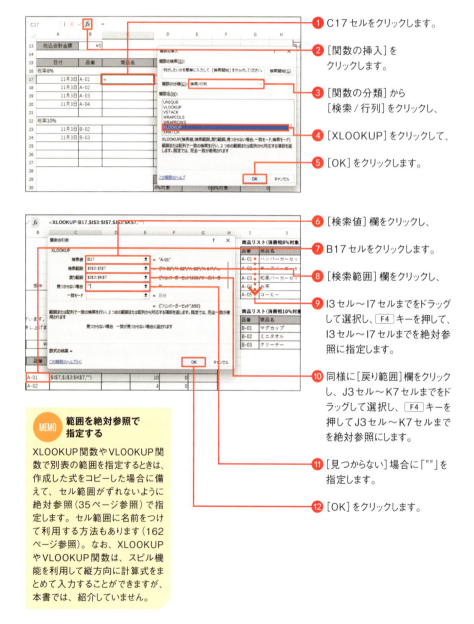

❶ C17セルをクリックします。

❷ [関数の挿入]を
クリックします。

❸ [関数の分類]から
[検索/行列]をクリックし、

❹ [XLOOKUP]をクリックして、

❺ [OK]をクリックします。

❻ [検索値]欄をクリックし、

❼ B17セルをクリックします。

❽ [検索範囲]欄をクリックし、

❾ I3セル～I7セルまでをドラッグして選択し、F4キーを押して、I3セル～I7セルまでを絶対参照に指定します。

❿ 同様に[戻り範囲]欄をクリックし、J3セル～K7セルまでをドラッグして選択し、F4キーを押してJ3セル～K7セルまでを絶対参照にします。

⓫ [見つからない]場合に「""」を指定します。

⓬ [OK]をクリックします。

> **MEMO　範囲を絶対参照で指定する**
>
> XLOOKUP関数やVLOOKUP関数で別表の範囲を指定するときは、作成した式をコピーした場合に備えて、セル範囲がずれないように絶対参照(35ページ参照)で指定します。セル範囲に名前をつけて利用する方法もあります(162ページ参照)。なお、XLOOKUPやVLOOKUP関数は、スピル機能を利用して縦方向に計算式をまとめて入力することができますが、本書では、紹介していません。

152

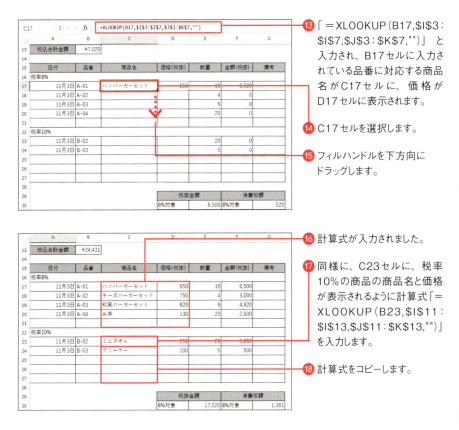

⓭ 「＝XLOOKUP（B17,$I$3：$I$7,$J$3：$K$7,""）」と入力され、B17セルに入力されている品番に対応する商品名がC17セルに、価格がD17セルに表示されます。

⓮ C17セルを選択します。

⓯ フィルハンドルを下方向にドラッグします。

⓰ 計算式が入力されました。

⓱ 同様に、C23セルに、税率10%の商品の商品名と価格が表示されるように計算式「＝XLOOKUP（B23,$I$11：$I$13,$J$11：$K$13,""）」を入力します。

⓲ 計算式をコピーします。

COLUMN

スピル機能に注意

XLOOKUP関数は、スピル機能に対応しているので、C17セルに商品名と価格を表示する計算式を入力したとき、右側の価格のセルにも同じ計算式を自動的に入力できます。ただし、セル結合しているセルに、スピル機能に対応した計算式を入力した場合、計算結果が正しく表示されない場合もあるので注意が必要です。また、XLOOKUP関数の引数［見つからない場合］に指定した内容は、スピル機能によって入力された計算式では思うように表示されない場合もあるので注意します。思うような結果にならない場合は、スピル機能は利用せずにそれぞれの列に計算式を入力しましょう。

MEMO 別表ついて

ここでは、税率8%と10%の商品リストを別々の表にし、税率8%の品番を入力する欄に、間違って10%の品番を入力してしまった場合、商品名が表示されないようにしています。同じ表で作成する場合は、品番を入力するセルに入力規則を指定し、税率8%と10%の品番をそれぞれリストから選択できるようにするなど、工夫するとよいでしょう。

VLOOKUP関数を入力する

前のページでは、XLOOKUP関数を使って品番に対応する商品名や価格を表示しました。ここでは、VLOOKUP関数を使って計算式を作成します。XLOOKUP関数で計算式を入力したときと結果は同じになります。

COLUMN

VLOOKUP関数の書式

別表から該当する内容を参照して表示します。引数の［検索方法］で、検索方法を指定します。品番に該当する商品名を表示するなど「完全一致」の方法で検索するか、試験の点数の範囲に応じて該当する成績を表示するなど「近似一致」の方法で検索するかを指定できます。VLOOKUP関数で、この引数を省略した場合は「近似一致」の方法で検索します。「完全一致」の方法で検索するには、引数を省略せずに指定します。

書式

=VLOOKUP（検索値,別表の範囲,列番号,検索方法）

検索値	別表からデータを探す手がかりにするデータを指定します。
別表の範囲	別表全体のセル範囲を指定します。VLOOKUP関数では、別表の一番左端の列に、検索値として利用する商品の品番やコードなどの情報を入力します。
列番号	検索値に一致するデータが見つかった時、別表の列の左から何列目の内容を表示するか番号を指定します。たとえば、別表の左端に品番、左から2列目に商品名、3列目に価格を入力しているとき、商品名を表示するには「2」、価格を表示するには「3」を指定します。
検索方法	検索する方法を指定します。「FALSE」を指定すると、検索値に完全に一致するデータを検索します。「TRUE」（既定）を指定すると、近似値を含めて検索します。その場合、検索値に完全に一致するデータが見つからない場合は、検索値未満で最も大きなデータを検索結果とみなします。この引数を省略した場合は、「TRUE」が指定されたものとみなされるので注意してください。

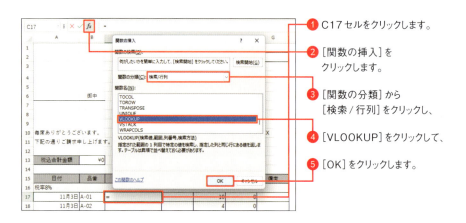

❶ C17セルをクリックします。

❷ ［関数の挿入］をクリックします。

❸ ［関数の分類］から［検索/行列］をクリックし、

❹ ［VLOOKUP］をクリックして、

❺ ［OK］をクリックします。

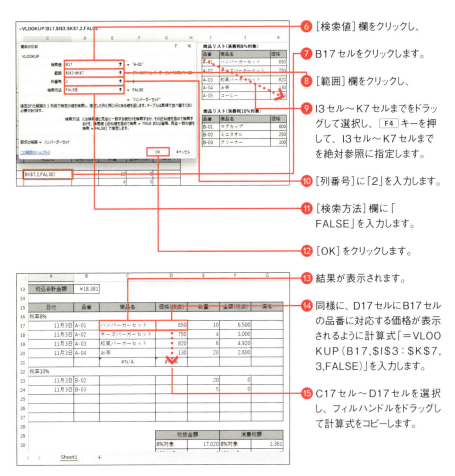

⑥ [検索値] 欄をクリックし、

⑦ B17セルをクリックします。

⑧ [範囲] 欄をクリックし、

⑨ I3セル～K7セルまでをドラッグして選択し、F4キーを押して、I3セル～K7セルまでを絶対参照に指定します。

⑩ [列番号] に「2」を入力します。

⑪ [検索方法] 欄に「FALSE」を入力します。

⑫ [OK] をクリックします。

⑬ 結果が表示されます。

⑭ 同様に、D17セルにB17セルの品番に対応する価格が表示されるように計算式「=VLOOKUP(B17,$I$3:$K$7,3,FALSE)」を入力します。

⑮ C17セル～D17セルを選択し、フィルハンドルをドラッグして計算式をコピーします。

第4章 自動計算や入力規則を使う文書作成の技

> **MEMO　エラーが表示される**
>
> ここでは、品番が入力されていない場合、エラーになります。156～157ページでエラーの回避方法を紹介しています。

155

063 エラーや「0」を非表示にする

VLOOKUP関数でエラーが表示される

VLOOKUP関数で、完全に一致するデータを探す場合、検索値として指定した品番が見つからない場合や、品番が入力されていない場合は、商品名や価格が表示されずにエラーになります。ここでは、IF関数を使ってエラーを回避します。IF関数の条件式で品番が入力されているかどうかを判定します。入力されていない場合は商品名欄を空欄にし、入力されている場合は、VLOOKUP関数を使って商品名を表示します。

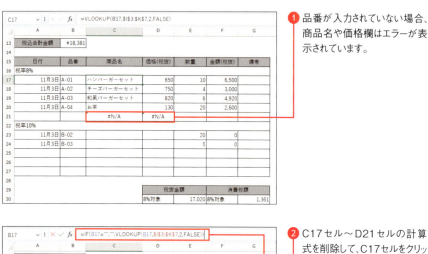

❶ 品番が入力されていない場合、商品名や価格欄はエラーが表示されています。

❷ C17セル～D21セルの計算式を削除して、C17セルをクリックします。

❸ 計算式を「=IF(B17="","",VLOOKUP(B17,$I$3:$K$7,2,FALSE))」に修正します。

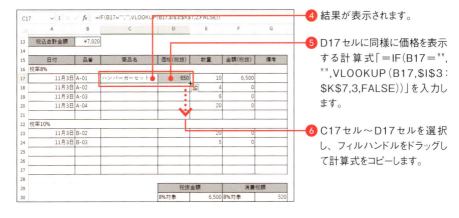

❹ 結果が表示されます。

❺ D17セルに同様に価格を表示する計算式「=IF(B17="","",VLOOKUP(B17,$I$3:$K$7,3,FALSE))」を入力します。

❻ C17セル〜D17セルを選択し、フィルハンドルをドラッグして計算式をコピーします。

❼ 21行目は、品番が入力されていませんが、エラーは表示されません。

❽ 同様に税率10%の商品名と価格が表示されるように、C23セルに計算式「=IF(B23="","",VLOOKUP(B23,$I$11:$K$13,2,FALSE))」、D23セルに計算式「=IF(B23="","",VLOOKUP(B23,$I$11:$K$13,3,FALSE))」を入力し、計算式をコピーします。

064 計算式が編集されないよう保護する

セルのロックをオフにする

　文書が完成したあとは、計算式などをうっかり削除してしまうようなことがないように、シートを保護してデータの入力などができないようにする方法があります。ただし、単純にシートを保護すると、すべてのセルにデータを入力できない状態になります。

　入力欄以外のセルには入力できないようにするには、最初に、入力を許可するセルを選択してセルのロックを外します。たとえば、ここで紹介している請求書では、請求書番号や日付、宛先、請求項目として指定する日付や品番、数量、備考などのセルはデータを入力できるようにするため、セルのロックを外します。続いて、シートを保護します。

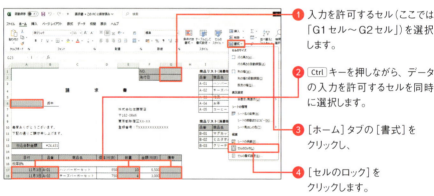

①　入力を許可するセル（ここでは「G1セル～G2セル」）を選択します。

②　Ctrl キーを押しながら、データの入力を許可するセルを同時に選択します。

③　［ホーム］タブの［書式］をクリックし、

④　［セルのロック］をクリックします。

COLUMN

［セルの書式設定］ダイアログボックス

セルのロックを外すには、対象のセル範囲を選択し、［セルの書式設定］ダイアログボックスを表示し、［保護］タブの［ロック］をオフにする方法もあります。手順④の操作をすると、同じ設定になります。

COLUMN

シート保護の注意点

シートを保護しても、セキュリティの効果はありません。たとえば、保護されているシートのセル範囲をコピーして別のシートに貼り付けると、貼り付け先のシートでは、かんたんに編集できますので、悪意のある人からデータを守ることはできません。第3者がブックの内容を表示できないようにしたり、ブックを編集して上書き保存できないようにするには、パスワードを設定する方法があります。

シートを保護する

　入力欄のセルのロックをオフにしたら、続いてシートを保護します。シートを保護するときは、シートを保護しても許可する操作を指定できます。また、シート保護を解除するのに必要なパスワードを設定できます。

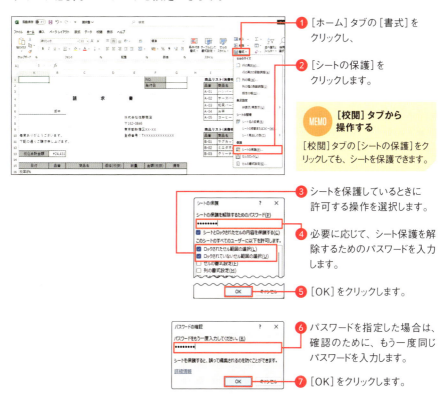

❶ [ホーム]タブの[書式]をクリックし、

❷ [シートの保護]をクリックします。

MEMO　[校閲]タブから操作する

[校閲]タブの[シートの保護]をクリックしても、シートを保護できます。

❸ シートを保護しているときに許可する操作を選択します。

❹ 必要に応じて、シート保護を解除するためのパスワードを入力します。

❺ [OK]をクリックします。

❻ パスワードを指定した場合は、確認のために、もう一度同じパスワードを入力します。

❼ [OK]をクリックします。

❽ セルのロックをオフにしていないセルのデータを変更しようとすると、メッセージが表示されます。[OK]をクリックします。

❾ セルのロックがオフのセルは、データを変更できます。

MEMO　シート保護を解除する

シート保護を解除するには、[ホーム]タブの[書式]—[シートの保護の解除]をクリックします。または、[校閲]タブの[シートの保護の解除]をクリックします。シート保護を解除するためのパスワードを指定している場合は、パスワードを入力します。

065 シートをコピーして似たような文書を作成する

シートをコピーする

似たような文書を作成するときは、シートをコピーして利用すると便利です。ここでは、請求書をコピーして納品書の文書を作成します。

① シート見出しにマウスポインターを移動し、Ctrl キーを押しながらコピー先にドラッグします。

② シートがコピーされました。コピーしたシートをクリックし、必要に応じて文字を修正します。

③ シート見出しをダブルクリックし、シート見出しの名前を入力します。

COLUMN

ほかのシートの値を参照して表示する

ほかのシートの値と同じ値を常に表示するには、ほかのシートの値を参照する計算式を入力する方法があります。それには、「＝シート名！セル番地」のように入力します。計算式を入力するセルを選択し、「＝」を入力後、参照先のシート見出しをクリックし、参照するセル番地をクリックすると、ほかのシートの値を参照する計算式を入力できます。たとえば、「納品書」シートのA6セルを選択し、「＝請求書!A6」の計算式を入力すると、「納品書」シートの宛名のセルに、「請求書」シートのA6セルの値が常に表示されます。計算式が入力されている場合は、同じ値を表示するために、毎回、シートをコピーして文書中の異なる箇所を修正したり、シートをグループ化して値を修正したりする必要はありません。指定したシートの指定したセルの値を常に表示できて便利です。

複数のシートに同じデータを入力する

　複数のシートに対して同じデータを入力したり、同じ書式を設定したりするには、複数シートを同時に選択し、シートをグループ化して編集する方法があります。

　複数のシートを同時に選択するには、1つ目のシートのシート見出しを選択したあと、Ctrlキーを押しながら同時に選択するシートのシート見出しを順にクリックします。隣接する範囲のシートをまとめて選択するときは、選択するシートの左端のシートのシート見出しを選択したあと、Shiftキーを押しながら、右端のシートのシート見出しをクリックします。複数のシートを選択しているグループ化の状態を解除するには、選択していないシートのシート見出しをクリックします。すべてのシートを選択しているときは、前面に表示されているアクティブシート以外のシート見出しをクリックします。アクティブシートのシート見出しには、下線が表示されますので、下線がついているシート見出し以外をクリックします。

　なお、グループ化して作業をしたあとは、グループ化の状態を必ず解除します。解除を忘れると、目的の場所とは違う場所にデータが入力されてしまうなど混乱が生じるので注意します。

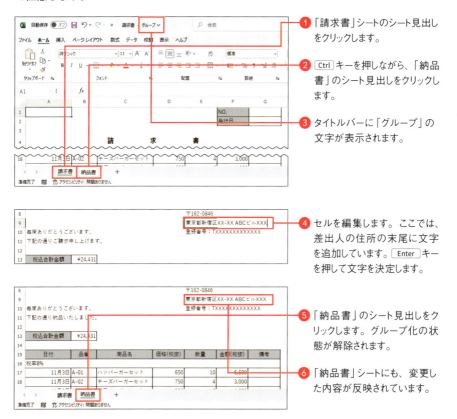

❶ 「請求書」シートのシート見出しをクリックします。

❷ Ctrlキーを押しながら、「納品書」のシート見出しをクリックします。

❸ タイトルバーに「グループ」の文字が表示されます。

❹ セルを編集します。ここでは、差出人の住所の末尾に文字を追加しています。Enterキーを押して文字を決定します。

❺ 「納品書」のシート見出しをクリックします。グループ化の状態が解除されます。

❻ 「納品書」シートにも、変更した内容が反映されています。

066 指定した日付までの日数を表示する

残日数を求める

　関数には、日付データを扱うものが多くあります。たとえば、指定した2つの日付の間で休みの日を除いた稼働日を計算するには、NETWORKDAYS関数を使用します。NETWORKDAYS関数では、土日を休みとみなし、土日に加えて指定した休日などの休みを考慮して稼働日を求めます。土日以外の休みの日は、別表に入力しておきましょう。なお、土日以外を休みとみなす場合は、NETWORKDAYS.INTL関数を使う方法があります。

　また、計算式を入力するとき、計算に使用するセルをセル番地で指定しますが、セルやセル範囲には、名前を付けることもできます。計算式の中でその名前を使用することもできます。ここでは、式の中で休みの日を指定するときに、かんたんにその範囲を指定できるように休みの日が入力されているセル範囲に「休日範囲」という名前を付けて利用します。

　ここでは、「タスク管理表」の文書を例に作成します。デザインのテーマは、「ウィスプ」にしています。印刷の向きは［横］にし、ページの余白は「狭く」に設定しています。事前にページの区切りの位置も確認しておきましょう。なお、サンプルファイルには、サンプルのデータがあらかじめ入力されています。

❶ 土日以外の祝日を別表に作成しておきます。休日が入力されているセル範囲を選択します。

❷ ［名前ボックス］に「休日範囲」と入力して Enter キーを押します。

❸ F4セルをクリックします。

❹ 計算式「=IF(B4="","",IF(E4<>"","",NETWORKDAYS($G$1,B4,休日範囲)))」を入力して、Enter キーを押します。

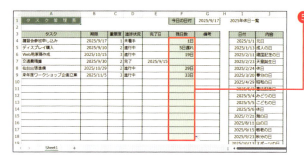

⑤ F4セルに結果が表示されます。他のセルに計算式をコピーします。

 ここで指定した計算式について

ここでは、タスク管理表で、今日の日付と各タスクの期限の日付の間で土日と休みを除く稼働日を求めます。今日の日付は、日付を直接入力していますが、自動で表示するには、TODAY関数を使う方法があります（66ページ参照）。また、土日以外の祝日を入力したセル範囲には、「休日範囲」という名前を付けました。NETWORKDAYS 関数の引数［祭日］は、セル範囲の名前で指定します。タスクの期限が入力されていない場合や、完了日が空欄以外の場合は、残日数を表示しないようにIF関数と組み合わせて指定しています。

--- COLUMN ---

NETWORKDAYS関数

NETWORKDAYS関数を使うと、2つの日付の間でお休みを除いた稼働日を求められます。

書式

=NETWORKDAYS（開始日, 終了日, ［祭日］）

- 開始日　2つの日付の始めの日を指定します。
- 終了日　2つの日付のあとの日を指定します。
- 祭日　　祝日など、土日以外の休みの日を指定します。祭日を入力したセル範囲で指定できます。日付を指定するときは、日付が表示されているセルを指定できます。

--- COLUMN ---

「○日」「○日遅れ」と表示する

ここでは、計算結果を表示するセルの表示形式を変更し、計算結果が正の数だった場合は「○日」、負の数だった場合は「○日遅れ」と表示されるようにしています。数値の表示形式の指定方法は、68～69ページを参照してください。

163

067 特定期間の日付のみ入力できるようにする

指定した日付以降を入力できるようにする

　入力欄のある文書を作成するときは、入力するデータの内容に合わせて、入力時のルールを設定しておくとよいでしょう。これを入力規則と言います。入力規則では、「設定」「入力時メッセージ」「エラーメッセージ」「日本語入力」を指定できます。

　「設定」は、入力できるデータの種類を指定するものです。「入力時メッセージ」は、入力時に表示するヒントの文字を指定するものです。「エラーメッセージ」は、ルールに合わないデータが入力されたときの動作と、表示する内容を指定するものです。「日本語入力」は、入力時の日本語入力モードの状態を指定するものです。複数のルールを組み合わせて設定することもできます。

　ここでは、日付を入力するセルに、今日以降の日付データのみ入力できるように入力規則を指定します。

入力値の種類

入力規則の入力値の種類では、次のような内容を指定できます。入力するデータに合わせて選択します。

入力値の種類

入力値の種類	内容
すべての値	すべての値。入力値の種類を指定していない状態です。
整数	整数のデータを入力します。「5から10まで」「10より大きい」「10以上」など入力できる値の範囲を指定したりできます。
小数点数	整数や小数のデータを入力します。「5から10まで」「10より大きい」「10以上」など入力できる値の範囲を指定したりできます。
リスト	選択肢を表示して、選択肢から入力するデータを選べるようにします。
日付	日付のデータを入力します。「2025/1/1から2025/1/15まで」「2024/12/31より前」「2025/1/1以降」など入力できる日付の範囲を指定したりできます。
時刻	時刻のデータを入力します。「6時から9時まで」「12時より前」「13時以降」など入力できる時刻の範囲を指定したりできます。
文字列（長さ指定）	文字のデータを入力します。「8文字から10文字まで」「8文字以上」など入力できる文字の長さを指定できます。
ユーザー設定	数式を指定して入力できるデータを限定するときなどに指定します。

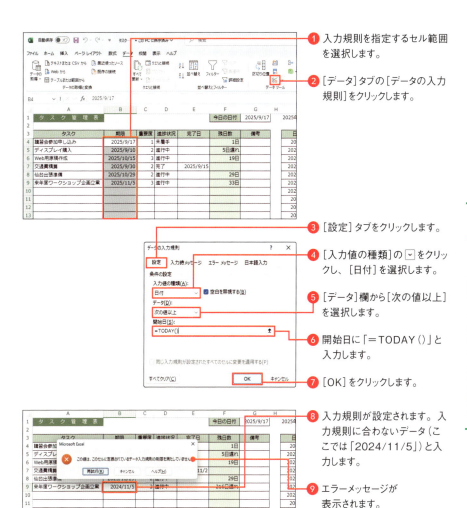

1 入力規則を指定するセル範囲を選択します。
2 [データ]タブの[データの入力規則]をクリックします。
3 [設定]タブをクリックします。
4 [入力値の種類]の⌄をクリックし、[日付]を選択します。
5 [データ]欄から[次の値以上]を選択します。
6 開始日に「=TODAY()」と入力します。
7 [OK]をクリックします。
8 入力規則が設定されます。入力規則に合わないデータ(ここでは「2024/11/5」)と入力します。
9 エラーメッセージが表示されます。

 セル参照

データの入力規則で、ここでは、[開始日]に今日の日付を指定するためTODAY関数を使用しました。指定したセルのデータを参照する場合、「=A1」のように指定することもできますが、複数のセル範囲に同じ入力規則を設定するとき、常に同じ参照先を指定したい場合は、絶対参照で「=$A$1」のように指定します。

入力規則を設定したセル

どのセルに入力規則を設定したかわからなくなってしまった場合などは、[ホーム]タブの[検索と選択]をクリックし、[データの入力規則]をクリックします。すると、入力規則が設定されたセルが選択されます。

068 入力時に案内メッセージを表示する

入力時にメッセージを表示する

入力規則を設定したセルに、データを入力するとき、ヒントのメッセージが表示されるように設定できます。自分以外の誰かにデータを入力してもらう場合などは、どのような入力規則が設定されているかわかるようにしておくと親切です。

また、ルールに合わないデータが入力された場合に、表示するメッセージの内容を指定できます。メッセージのスタイルには、3パターンあります。スタイルとメッセージの内容を指定します。

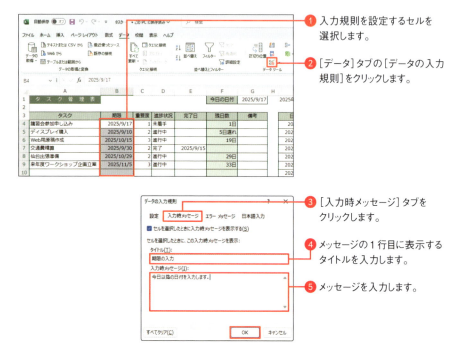

エラー発生時のメッセージを表示する

入力規則に合わないデータが入力された場合に表示するメッセージを指定します。メッセージのスタイルには、「停止」「注意」「情報」の3パターンがあります。ルールの厳しさのレベルによってパターンを選択します。入力規則に合わないデータが入力されないようにするには、一番厳しいレベルの「停止」を選択します。

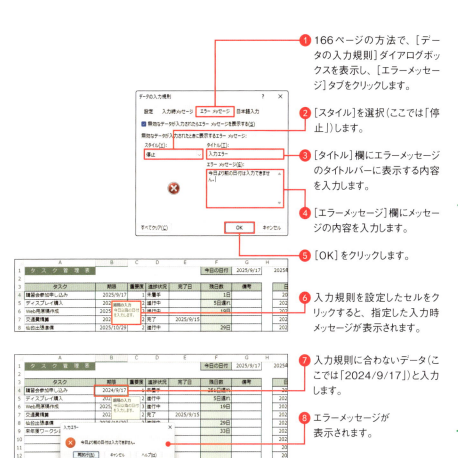

1. 166ページの方法で、[データの入力規則]ダイアログボックスを表示し、[エラーメッセージ]タブをクリックします。
2. [スタイル]を選択(ここでは「停止」)します。
3. [タイトル]欄にエラーメッセージのタイトルバーに表示する内容を入力します。
4. [エラーメッセージ]欄にメッセージの内容を入力します。
5. [OK]をクリックします。
6. 入力規則を設定したセルをクリックすると、指定した入力時メッセージが表示されます。
7. 入力規則に合わないデータ(ここでは「2024/9/17」)と入力します。
8. エラーメッセージが表示されます。

> **MEMO ヒントを非表示にする**
>
> 入力時に表示されるメッセージを非表示にするには、Esc キーを押します。

COLUMN

スタイル

手順❷のスタイルでは、入力規則で指定したルールに合わない場合、どのようなメッセージを表示するかを指定します。それぞれ、次のようなメッセージを表示します。「停止」を選択した場合、[再試行]をクリックするとデータを入力し直す状態になります。[キャンセル]をクリックすると、データの入力がキャンセルされます。入力規則に合わないデータは入力できません。

069 リストから項目を選択できるようにする

入力時に入力候補を表示する

入力規則の設定の中には、あらかじめ指定した項目のみ入力できるようにするものもあります。それには、入力値の種類からリストを選択します。入力するデータの選択肢は、[データの入力規則]ダイアログボックスで直接指定する方法のほか、項目が入力されているセル範囲を選択して指定することもできます。

ここでは、進捗状況を入力するとき、「未着手」「進行中」「完了」のいずれかを選択できるようにします。

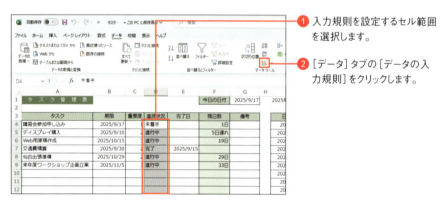

1. 入力規則を設定するセル範囲を選択します。
2. [データ]タブの[データの入力規則]をクリックします。

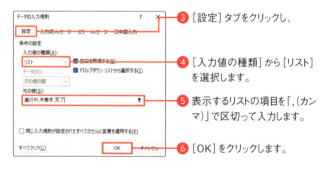

3. [設定]タブをクリックし、
4. [入力値の種類]から[リスト]を選択します。
5. 表示するリストの項目を「,(カンマ)」で区切って入力します。
6. [OK]をクリックします。

COLUMN

セルのデータを利用する

入力候補として表示するリストがセルに入力されている場合は、[元の値]の横の[↑]をクリックし、リストの範囲をドラッグして選択します。

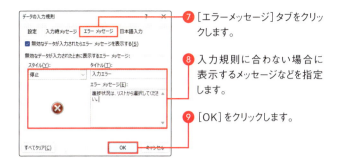

7 [エラーメッセージ]タブをクリックします。

8 入力規則に合わない場合に表示するメッセージなどを指定します。

9 [OK]をクリックします。

10 入力規則が設定されているセルを選択すると、リストが表示されます。

COLUMN

入力規則に合わないデータを確認する

入力規則に違反しているデータが入力されているセルを確認するには、[データ]タブの[データの入力規則]の ▼ をクリックし、[無効データのマーク]をクリックします。すると、ルールに違反しているデータが入力されているセルが赤丸で囲まれます。赤丸の印を削除するには、[入力規則マークのクリア]をクリックします。

070 半角英数字と日本語の入力を自動で切り替える

日本語入力モードを自動的に切り替える

　Excelを起動した直後は、日本語入力モードがオフになっています。数値や日付を入力するときは、日本語入力モードをオフの状態で入力したほうが、Enter キーを1回押すだけで入力できるので都合が良いですが、日本語の文字を入力するときは、日本語入力モードをオンに切り替える必要があります。入力する内容によって、日本語入力モードをオンにしたりオフにしたりするのが面倒な場合は、入力欄ごとに日本語入力モードの状態を設定しておくとよいでしょう。入力規則で日本語入力モードの状態を指定できます。

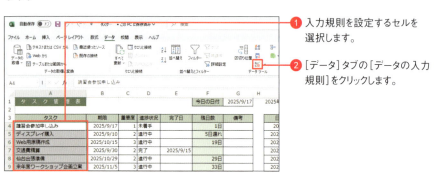

❶ 入力規則を設定するセルを選択します。

❷ [データ] タブの [データの入力規則] をクリックします。

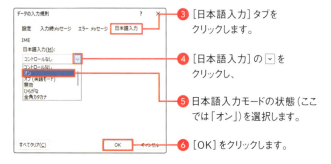

❸ [日本語入力] タブをクリックします。

❹ [日本語入力] の ▽ をクリックし、

❺ 日本語入力モードの状態 (ここでは「オン」) を選択します。

❻ [OK] をクリックします。

> **オフにする**
>
> 日本語入力モードをオフにするには、「オフ (英語モード)」または「無効」を選択します。どちらも日本語入力モードがオフになりますが、「オフ (英語モード)」を選択した場合、半角/全角 キーを押してオンにも切り替えられます。「無効」を選択した場合、半角/全角 キーを押してオンに切り替えることはできません。

⑦ 入力規則を設定したセルを選択します。

⑧ 日本語入力モードが自動的にオンになります。

入力規則のルールを削除する

　入力規則のルールは、削除することもできます。入力規則のルールを削除しても、入力されているデータは変わりません。なお、どこに入力規則を設定したかわからなくなってしまった場合は、65ページのヒントを参照してください。

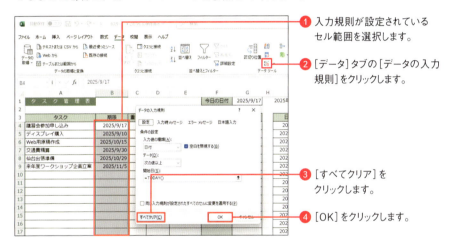

① 入力規則が設定されているセル範囲を選択します。

② [データ]タブの[データの入力規則]をクリックします。

③ [すべてクリア]をクリックします。

④ [OK]をクリックします。

--- COLUMN ---

次のメッセージが表示されたら

異なる入力規則が設定されているセル範囲を選択して[データの入力規則]ダイアログボックスを表示すると、次のようなメッセージが表示されます。[OK]をクリックすると、入力規則が削除されます。

第4章　自動計算や入力規則を使う文書作成の技

171

071 文書にパスワードを設定する

パスワードを設定する

ファイルを保護するために設定するパスワードには、2種類あります。1つ目は、ファイルを開くときに必要な読み取りパスワードです。2つ目は、ファイルを編集して上書き保存するために必要な書き込みパスワードです。どちらか一つのパスワードを設定することもできますし、両方のパスワードを設定することもできます。勘違いしやすいのですが、書き込みパスワードだけ設定している場合は、誰でもファイルを開くことができるので注意してください。パスワードは、大文字と小文字の違いが区別されます。

ここでは、読み取りパスワードを設定します。パスワードを忘れるとファイルを開くことができなくなるので注意します。

❶ パスワードを設定するファイルを開き、[ファイル]タブをクリックして、Backstageビューを表示します。[情報]をクリックし、

❷ [ブックの保護]をクリックして、

❸ [パスワードを使用して暗号化]をクリックします。

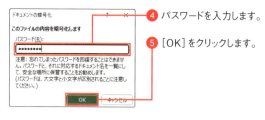

❹ パスワードを入力します。

❺ [OK]をクリックします。

❻ もう一度同じパスワードを入力します。

❼ [OK]をクリックします。このあと、通常の方法でファイルを保存します。

 MEMO 読み取りパスワードを削除する

読み取りパスワードを削除するには、手順❹の画面で、パスワードを削除してファイルを保存します。

パスワードを入力してファイルを開く

読み取りパスワードを設定したファイルを開くには、パスワードの入力が必要です。ここでは、前のページで保存したファイルを開きます。パスワードを入力して開きます。

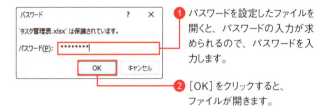

1. パスワードを設定したファイルを開くと、パスワードの入力が求められるので、パスワードを入力します。

2. [OK] をクリックすると、ファイルが開きます。

--- COLUMN ---

書き込みパスワードを設定する

書き込みパスワードを設定するには、[名前を付けて保存] ダイアログボックスで指定します。[ツール] —[全般オプション] をクリックし、[全般オプション] ダイアログボックスで、読み取りパスワードと書き込みパスワードの両方を設定できます。[OK] をクリックし、あとは、通常の方法でファイルを保存します。書き込みパスワードを設定した場合、ファイルを開くと、次のメッセージが表示されます。パスワードを入力して開くと、ファイルを編集して上書き保存ができます。なお、書き込みパスワードだけが設定されているファイルは、誰でも開くことができます。パスワードを知らない人がファイルを開けないようにするには、読み取りパスワードも設定します。読み取りパスワードや書き込みパスワードを消すには、[全般オプション] ダイアログボックスでパスワードを消してファイルを上書き保存します。

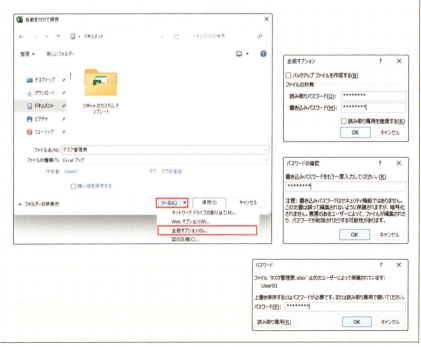

― COLUMN ―

ActiveXコントロールについて

　Excelのシートには、チェックボックスやコンボボックスなど、よく見かける入力用の部品を配置して利用することもできます。これらの部品をコントロールと言います。コントロールは、［開発］タブの［挿入］ボタンから配置できます。なお、［開発］タブは、通常は表示されていません。［Excelのオプション］ダイアログボックスの［リボンのユーザー設定］をクリックし、［開発］タブを表示するかどうかを指定できます。

　コントロールには、ActiveXコントロールとフォームコントロールがあります。ActiveXコントロールを利用すると、コントロールが操作されたタイミングで指定したプログラムを実行することなどができます。フォームコントロールは、コントロールの性質などを手軽に指定できますが、ActiveXコントロールに比べると機能は限定されます。

　また、ActiveXコントロールは、Excel 2024では、セキュリティ上の脆弱性に関する対応により既定では使用できなくなっています。

以前のバージョンのExcelで使用していた、ActiveXコントロールを利用したい場合などは、設定を変更する方法があります。

［Excelのオプション］ダイアログボックスの［トラストセンター］をクリックし、［トラストセンターの設定］をクリックします。

［トラストセンター］ダイアログボックスの［ActiveXの設定］をクリックすると、ActiveXを含むファイルを開いたときに、ActiveXを有効にするかを設定できます。［先に確認メッセージを表示してから、最低限の制限を適用してすべてのコントロールを有効にする］などに変更すると、ActiveXを含むファイルを開いたときに、ActiveXを有効にできます。

第5章

リストや自動書式を利用した
文書作成の技

072 この章で作成する文書

データを整理して活用するリスト

顧客リストや商品一覧など、リストの形式のデータを活用する文書を作成します。データの並べ替えや抽出、集計などをかんたんに行えるようにするには、ルールに沿ってデータを集める必要があります。

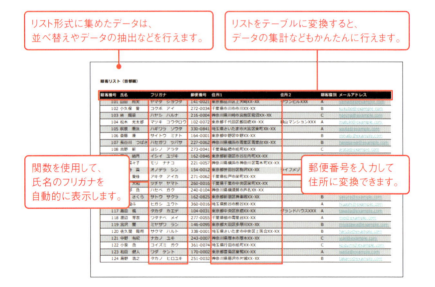

リスト形式に集めたデータは、並べ替えやデータの抽出などを行えます。

リストをテーブルに変換すると、データの集計などもかんたんに行えます。

関数を使用して、氏名のフリガナを自動的に表示します。

郵便番号を入力して住所に変換できます。

COLUMN

リスト作成のルール

リスト作成時には、次のルールに沿って作成しましょう。ルールに合ったリストを作成することで、データを活用できます。

1. リストの一番上の行には列（フィールド）の見出しを入力します。
2. フィールドの見出しの行には、ほかの行と異なる書式を設定します。ただし、テーブルに変換する場合は、書式は自動で設定されるのであらかじめ設定する必要はありません。
3. 1件分のデータ（レコード）を1行で入力します。
4. リストには、空白行や空白列が無いようにします。
5. リストに隣接するセルには、余計なデータは入力しないようにします。
6. 顧客番号や商品番号など、各データ（レコード）を区別できるデータが入力されるフィールドを用意します。データの並べ替えなどにも利用できます。

条件に一致するデータを自動的に強調するリスト

　リスト形式に集めたデータの中から注目したいデータを自動的に目立たせます。また、計算表などで、データの大きさに応じてアイコンを表示したりする方法を紹介します。数値の傾向や推移を視覚的に瞬時に読み取れるように工夫します。条件付き書式の設定方法を知りましょう。

指定したデータを含むセルに色が付くようにしたり、指定した条件に一致する行を目立たせたりします。

データの大きさに応じて絵文字のようなアイコンを自動的に表示します。

データの大きさに応じて自動的に棒グラフのような棒を表示し、棒の長さでデータの大きさがわかるようにします。

073 顧客番号で「0001」表示する

数字を入力する

リストには、顧客番号や商品番号など、各レコードを区別するフィールドを用意しておきましょう。データの件数を数えるときや、データの並べ替える基準にするフィールドとして利用できて便利です。

なお、先頭に「0」が付く顧客番号や商品番号などは、セルに「0001」のように入力すると、数値とみなされて「1」と表示されてしまいます。「0」から始まる数字を入力するには、「0001」のように、先頭に「'（アポストロフィ）」を付けて入力する方法があります。または、セルの表示形式から「文字列」を選択し、セルに「0001」などの文字を入力する方法もあります。後者の方法の場合は、あとからセルの表示形式を「標準」などに変更してセルのデータを再度確定すると、数値とみなされて「1」と表示されてしまうので注意してください。

ここでは、「顧客リスト」の文書を例に紹介します。デザインのテーマは「イオン」にしています。

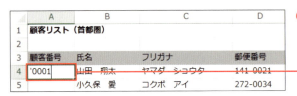

❶ 文字を入力するセルをクリックします。「'0001」と入力し、Enter キーを押します。

❷ 「0001」と表示されます。

❸ 186ページの方法で、連番を入力します。エラーインジケーターが表示されたセル（ここではA4）をクリックします。

❹ ［エラーのトレース］をクリックします。エラーの内容が表示されます。

> **MEMO** 「1」→「0001」になる
>
> 「1」を入力したときに、「0001」などと表示される場合は、数値の表示形式の指定で、指定した桁に数値が無い場合に「0」を表示する設定にしている可能性があります。68ページを参照してください。

エラーについて

　Excelの操作中は、バックグラウンドでエラーチェックが行われ、エラーが疑われるセルには、エラーを示す緑の印のエラーインジケーターが表示されます。どのようなチェックをするかは、「Excelのオプション」ダイアログボックスで確認できます。たとえば、文字列として入力した数値を含むセルは、エラーチェックの対象になるため、前のページの方法で「0」からはじまる数字を入力したセルには、エラーインジケーターが表示されます。

　エラーインジケーターが表示された場合は、[エラーのトレース]をクリックし、エラーの内容を確認しましょう。「エラーを無視する」をクリックすると、エラーインジケーターが非表示になります。複数のセル範囲に表示されたエラーを無視する場合は、セル範囲を選択してから[エラーのトレース]―「エラーを無視する」をクリックします。なお、無視したエラーを取り消して、もう一度エラーをチェックし直すには、「Excelのオプション」ダイアログボックスで、「無視したエラーのリセット」をクリックします。

― COLUMN ―

エラーの種類について

「Excelのオプション」ダイアログボックスの[数式]をクリックすると、エラーチェックの状態を確認できます。チェックのついている項目がチェック対象になっています。たとえば、「領域内の他の数式と矛盾する数式」は、同じ領域内で隣接するセルに入力されている計算式とは異なるタイプの計算式が入力されているセルをチェックします。

074 名前のふりがなを自動で表示する

ふりがなを別のセルに表示する

氏名のふりがなを氏名とは別の列に表示したい。そんなときは、わざわざふりがなを入力し直す必要はありません。PHONETIC関数を使って、氏名のよみがなを表示する方法を試してみましょう。よみがなの情報は、氏名を入力したときのよみがなの情報です。そのため、本来の氏名の読みとは異なるよみで変換した場合や、ほかのアプリからデータをコピーして貼り付けたような場合は、ふりがなが正しく表示されない場合もあります。その場合は、ふりがなを編集することで、正しいふりがなを表示できます。

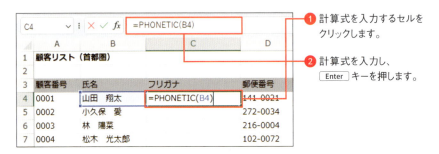

❶ 計算式を入力するセルをクリックします。

❷ 計算式を入力し、Enter キーを押します。

❸ 計算式をコピーしておきます。

COLUMN

PHONETIC関数

PHONETIC関数は、引数に指定したセルの漢字のよみを表示します。

書式　＝PHONETIC(参照)

参照　ふりがなの文字列を含むセルや、隣接するセル範囲を指定します。

文字の種類を変更する

　ふりがなは、最初は全角のカタカナで表示されますが、ひらがなや半角のカタカナで表示することもできます。表示を変更するときの操作のポイントは、最初に、フリガナが表示されているセルではなく、漢字が入力されているセル範囲を選択することです。その状態で、文字の種類を指定します。

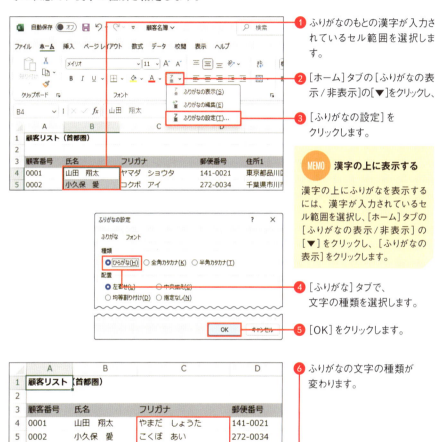

❶ ふりがなのもとの漢字が入力されているセル範囲を選択します。

❷ [ホーム]タブの[ふりがなの表示/非表示]の[▼]をクリックし、

❸ [ふりがなの設定]をクリックします。

MEMO　漢字の上に表示する

漢字の上にふりがなを表示するには、漢字が入力されているセル範囲を選択し、[ホーム]タブの[ふりがなの表示/非表示]の[▼]をクリックし、[ふりがなの表示]をクリックします。

❹ [ふりがな]タブで、文字の種類を選択します。

❺ [OK]をクリックします。

❻ ふりがなの文字の種類が変わります。

COLUMN

ふりがなを編集する

　ふりがなを編集するには、漢字が入力されているセルを選択し、[ホーム]タブの[ふりがなの表示/非表示]の[▼]をクリックし、[ふりがなの編集]をクリックします。漢字の上によみがなが表示されたら、よみがなを編集して Enter キーを押します。

075 郵便番号から住所を自動入力する

郵便番号から住所を入力する

　住所を入力するとき、都道府県名から入力し始めるのは手間がかかります。郵便番号がわかっている場合は、郵便番号から住所に変換する方法があるので試してみましょう。変換候補の中から入力する住所を選択すると、住所が表示されるので、残りの住所を入力します。いちから入力するよりは手早く入力できて便利です。ただし、郵便番号から住所に変換すると、住所のよみがなの情報は、郵便番号の情報になります。そのため、PHONETIC関数でよみがなを表示する場合やデータの並べ替えをするときなどは、本来のよみがな情報がないために、思うような結果にならない場合もあるので注意してください。

　なお、郵便番号を入力しても住所が表示されない場合は、郵便番号から住所を入力するための辞書の設定を確認します。

❶ 住所を入力するセルをクリックし、日本語入力モードをオンにします。郵便番号をハイフンで区切って入力して、スペース キーを押して変換します。

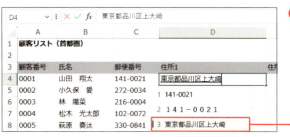

❷ 変換候補から入力する住所を選択します。

MEMO　「住所に変換...」と表示される

住所が表示されずに「住所に変換...」と表示される場合、「住所に変換...」を選択すると、住所の変換候補が表示されます。変換候補に住所を直接表示するには、「郵便番号辞書」を有効にします（183ページCOLUMN参照）。

❸ 住所が入力されます。

COLUMN

郵便番号辞書を確認する

郵便番号を住所に変換できない場合は、郵便番号辞書が有効になっているか確認します。タスクバーの日本語入力モードのアイコンを右クリックして［設定］をクリック。［学習と辞書］をクリックし、［郵便番号辞書］をオンにします。

076 連続データをかんたんに入力する

オートフィルとは

　データを入力するときは、できるだけ効率よく入力したいものです。同じデータや連続したデータを、隣接するセルに一気に入力する場合などは、オートフィル機能を積極的に活用しましょう。操作は、セルのフィルハンドルをドラッグするだけです。それだけで、文字や日付、数値や計算式など、さまざまなパターンのデータを自動的に瞬時に入力できます。操作後に表示される［オートフィルオプション］を利用すれば、入力するデータの種類なども選択できます。また、フィルハンドルをダブルクリックすると、隣接する列や行に入力されているデータの最後尾まで、データを瞬時に入力できます。

文字を入力する

　オートフィル機能を利用して文字を入力します。ここでは、既に入力されている文字と同じ文字を隣接するセルに入力します。

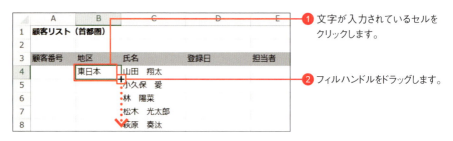

❶ 文字が入力されているセルをクリックします。

❷ フィルハンドルをドラッグします。

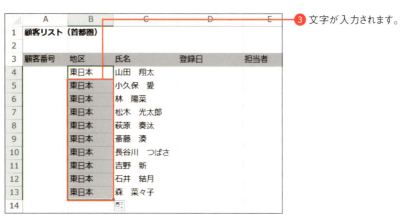

❸ 文字が入力されます。

日付を入力する

オートフィル機能を利用して日付を入力します。フィルハンドルをドラッグすると、最初は、連続する日付が表示されます。ドラッグ先に表示される［オートフィルオプション］を利用すれば、毎月5日、毎年の1月1日など、入力する日付を選択できます。

❶ 日付が入力されているセルをクリックします。

❷ フィルハンドルをドラッグします。

❸ 連続した日付が入力されます。

❹ ［オートフィルオプション］をクリックします。

❺ 入力する内容（ここでは、「セルのコピー」）を選択します。

❻ 同じ日付が入力されます。

> **MEMO 曜日を自動入力する**
>
> 「月」「火」「水」・・・や「月曜日」「火曜日」「水曜日」・・・のように曜日を入力するには、セルに「月」や「月曜日」などと入力し、フィルハンドルをドラッグします。

COLUMN

1日おきの日付

指定した間隔の日付を入力するには、最初に2つのセルに、間隔を空けた日付を入力します。続いて、2つのセルを選択し、フィルハンドルをドラッグします。

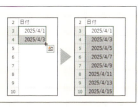

数値を入力する

オートフィル機能を利用して数値を入力します。フィルハンドルをドラッグすると、最初は、同じ数値が表示されます。ドラッグ先に表示される[オートフィルオプション]を利用すれば、連続した数値などを入力できます。

① 数値が入力されているセルをクリックします。

② フィルハンドルをドラッグします。

③ 同じ数値が入力されます。

④ [オートフィルオプション]をクリックします。

⑤ 入力する内容(ここでは、「連続データ」)を選択します。

⑥ 連続した数値が入力されます。

> **MEMO　1つおきの数値**
>
> 指定した間隔の数値を入力するには、最初に2つのセルに、間隔を空けた数値を入力します。続いて、2つのセルを選択し、フィルハンドルをドラッグします。

指定した項目を順に入力する

　ユーザー設定リスト（31ページ参照）には、独自のリストを登録することもできます。たとえば、表の項目などでよく使用する商品名や担当者名などをユーザー設定リストに登録しておけば、項目を瞬時に入力できるようになります。

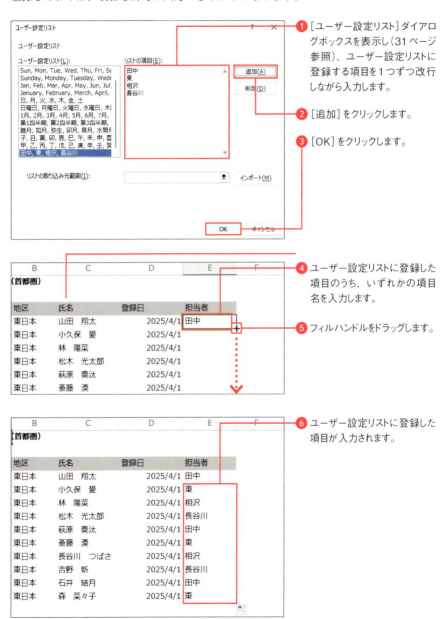

① ［ユーザー設定リスト］ダイアログボックスを表示し（31ページ参照）、ユーザー設定リストに登録する項目を1つずつ改行しながら入力します。

② ［追加］をクリックします。

③ ［OK］をクリックします。

④ ユーザー設定リストに登録した項目のうち、いずれかの項目名を入力します。

⑤ フィルハンドルをドラッグします。

⑥ ユーザー設定リストに登録した項目が入力されます。

077 氏名を姓と名に分割する

規則性のある文字を自動入力する

　生年月日から年の部分だけを入力したり、氏名の姓と名がスペースで区切って入力されている場合に、姓の部分だけを入力したり、また、メールアドレスの「@」の前のユーザー名の部分だけを入力するなど、規則性のあるデータを入力するには、関数を使って計算式を組み立てる方法があります。しかし、目的の文字などを取り出す計算式を作成するのは、なかなか手間がかかるものです。

　ここでは、フラッシュフィルという機能を使って、規則性のあるデータを瞬時に入力する機能を紹介します。フラッシュフィル機能はデータの入力時に自動的に働きます。自動的に認識されない場合は、手動で実行することもできます。

❶ 登録日の年の情報を入力するセルをクリックし、年の情報を入力します。

❷ 次の行に同じように年の情報を入力します。入力候補が表示されたら、Enter キーを押します。

❸ 登録日の年の情報が自動的に入力されます。

MEMO ユーザー名を入力する

メールアドレスの「@」の前の部分だけを入力し、次の行にも同様にユーザー名を入力した場合もフラッシュフィルの機能が働きます（33ページ参照）。

フラッシュフィル機能を手動で実行する

ここでは、氏名の姓と名を自動的に入力します。姓と名は、スペースで区切って入力されているものとします。188ページの方法で、姓や名を入力しようとすると、日本語の場合、うまく入力できないことがあります。その場合は、手動でフラッシュフィル機能を実行してみましょう。

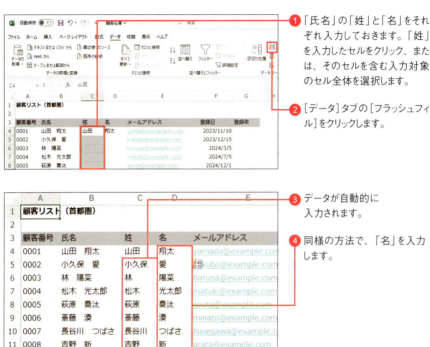

1. 「氏名」の「姓」と「名」をそれぞれ入力しておきます。「姓」を入力したセルをクリック、または、そのセルを含む入力対象のセル全体を選択します。

2. [データ]タブの[フラッシュフィル]をクリックします。

3. データが自動的に入力されます。

4. 同様の方法で、「名」を入力します。

COLUMN

IMEとの互換性について

フラッシュフィル機能が働いて入力候補が表示された場合でも、日本語の場合、Enterキーを押しても最後までデータを入力できないことがあります。今のところ、IMEとの互換性に問題があるようです。タスクバーの日本語入力モードのアイコンを右クリックして[設定]をクリック。表示される画面で[全般]をクリックし[互換性]の[以前のバージョンのMicrosoft IMEを使う]をオンにして、IMEのバージョンを以前のバージョンに戻すと、日本語で表示された入力候補を入力できるようになりますが、ほかの問題が発生するかもしれません。設定は変更せず、このページで紹介した方法を利用しましょう。今後の更新などにより問題が解決されるかもしれません。

078 表のデータを並べ替える

データを並べ替える

　表のデータを整理して表示するため、データを並べ替える方法を知っておきましょう。並べ替えの基準にするフィールドを指定し、並べ替えの方法として「昇順」、または「降順」を指定します。「昇順」を指定した場合、文字はあいうえお順、数値は小さい順、日付は古い順に並べ変わります。「降順」を指定した場合、文字はあいうえお順の逆、数値は大きい順、日付は新しい順に並べ変わります。

　また、商品名などを基準にデータを並べ替えるとき、あいうえお順ではなく、独自に指定した順番で並べ替えたい場合もあるでしょう。そんなときは、並べ替えの順番をユーザー設定リストに登録しておく方法があります。並べ替えの順序を指定するときに、登録したユーザー設定リストを指定することで、独自の順番で並べ替えられます。

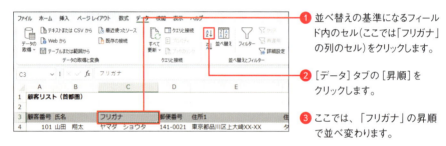

❶ 並べ替えの基準になるフィールド内のセル（ここでは「フリガナ」の列のセル）をクリックします。

❷ ［データ］タブの［昇順］をクリックします。

❸ ここでは、「フリガナ」の昇順で並べ変わります。

COLUMN

指定した項目順で並べ替える

商品名などを基準にしてデータを並べ替えるとき、あいうえお順ではなく、独自の順番で並べ替えるには、並べ替えの順番をユーザー設定リストに登録しておきます。データを並べ替えるには、次のページの方法で［並べ替え］ダイアログボックスを表示し、並べ替えの順序を指定するときに、［ユーザー設定リスト］を選択し、表示される［ユーザー設定リスト］で並べ替えの基準にするユーザー設定リストを選択します。続いて、並べ替えを実行します。

複数の条件でデータを並べ替える

　顧客データを並べ替えるとき、複数の並べ替え条件を指定するには、[並べ替え]ダイアログボックスで指定します。並べ替えの条件を複数指定するときは、条件の優先順位の指定に注意します。ここでは、「顧客種別」順に並べて、同じ「顧客種別」の顧客が複数いる場合は、「フリガナ」順でデータを並べ替えます。

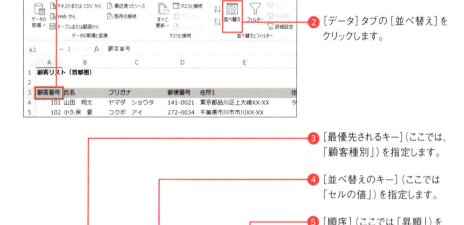

1. リスト内をクリックします。
2. [データ]タブの[並べ替え]をクリックします。
3. [最優先されるキー](ここでは、「顧客種別」)を指定します。
4. [並べ替えのキー](ここでは「セルの値」)を指定します。
5. [順序](ここでは「昇順」)を指定します。
6. [レベルの追加]をクリックします。
7. 同様に、2つ目の並べ替え条件を指定します。
8. [OK]をクリックします。
9. データの並び順が変わります。

> **MEMO 優先順位を変更する**
> 並べ替えの優先順位を変更するには、[並べ替え]ダイアログボックスで、対象の条件をクリックして画面上部の[▲][▼]をクリックして順番を入れ替えます。

> **MEMO 別の場所に表示する**
> リストのデータを並べ替えて、リストとは別の場所に表示するには、SORT関数やSORTBY関数を使う方法があります。

079 条件に一致するデータのみ表示する

条件に一致するデータのみ表示する

　リストから条件に一致するデータをかんたんに表示するには、フィルター機能を利用する方法があります。フィルター機能を使う準備をすると、フィールド名の横に［フィルター］ボタンが表示されます。抽出条件は、［フィルター］ボタンを使って直観的にかんたんに指定できます。フィールドに入力されている項目を指定できるほか、フィールドに入力されているデータの種類に応じて「テキストフィルター」「日付フィルター」「数値フィルター」の項目が表示されます。それらの項目を選択すると、「○から始まるデータ」や、「今年の日付」「○以上の値」などの詳細の条件を指定できます。

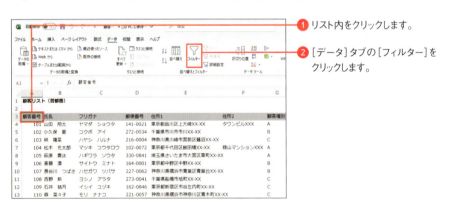

❶ リスト内をクリックします。

❷ ［データ］タブの［フィルター］をクリックします。

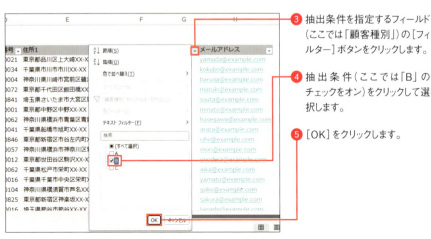

❸ 抽出条件を指定するフィールド（ここでは「顧客種別」）の［フィルター］ボタンをクリックします。

❹ 抽出条件（ここでは「B」のチェックをオン）をクリックして選択します。

❺ ［OK］をクリックします。

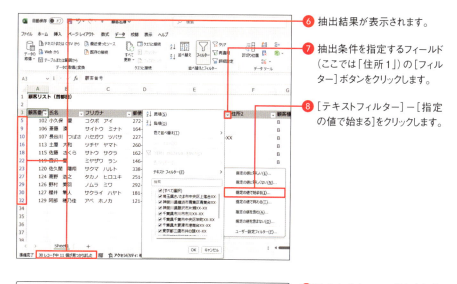

⑥ 抽出結果が表示されます。

⑦ 抽出条件を指定するフィールド（ここでは「住所1」）の［フィルター］ボタンをクリックします。

⑧ ［テキストフィルター］－［指定の値で始まる］をクリックします。

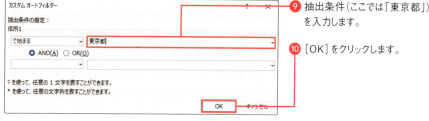

⑨ 抽出条件（ここでは「東京都」）を入力します。

⑩ ［OK］をクリックします。

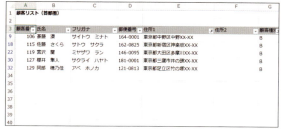

⑪ 指定したデータが表示されます。

> **MEMO** 抽出件数
>
> フィルター機能を利用して、データを抽出しているときは、行番号が青く表示されます。また、ステータスバーには、「○レコード中○個が見つかりました」と表示されます。

> **MEMO** ほかの場所に表示する
>
> リストとは別の場所に、リストから抽出したデータを表示するには、FILTER関数を使用する方法があります。

080 テーブルでデータを手軽に活用する

セル範囲をテーブルに変換する

リストのデータを誰でも手軽に活用できるようにリストを進化させるには、テーブルという機能を活用する方法があります。リストをテーブルに変換すると、データが読み取りやすいように、テーブル全体の書式が自動的に整えられます。また、フィールド名の横には［フィルター］ボタンが表示され、［フィルター］ボタンを介して、データの並べ替えや抽出条件などをかんたんに指定できるようになって便利です。

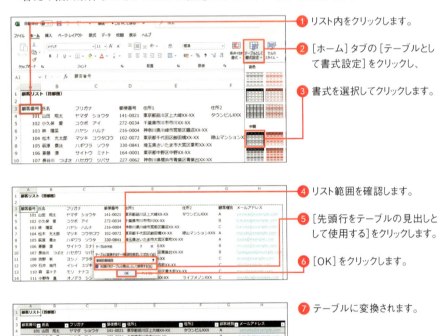

❶ リスト内をクリックします。

❷ ［ホーム］タブの［テーブルとして書式設定］をクリックし、

❸ 書式を選択してクリックします。

❹ リスト範囲を確認します。

❺ ［先頭行をテーブルの見出しとして使用する］をクリックします。

❻ ［OK］をクリックします。

❼ テーブルに変換されます。

--- COLUMN ---

元のリストに変換する

テーブルを元のリストの状態に変換するには、テーブル内をクリックし、［テーブルデザイン］タブの［範囲に変換］をクリックします。なお、範囲に変換しても、テーブルに設定されている書式は残ります。書式を元の状態に戻したい場合は、テーブル内をクリックし、［テーブルデザイン］タブの［テーブルスタイル］から［クリア］をクリックし、スタイルをクリアしてから、テーブルを範囲に変換しましょう。

テーブルを利用する

　フィールド名の横に表示される[フィルター]ボタンをクリックし、データを抽出してみましょう。抽出条件の指定は、フィルター機能と同様の方法で指定できます。

　また、リストをテーブルに変換し、テーブル内をクリックすると、[テーブルデザイン]タブが表示されます。[テーブルデザイン]タブの[テーブルスタイルのオプション]欄で、テーブルの表示を変更したり、集計行を表示したり指定できます。集計行を表示すると、データの個数や合計などを表示できます。

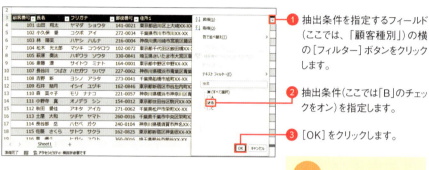

❶ 抽出条件を指定するフィールド（ここでは、「顧客種別」）の横の[フィルター]ボタンをクリックします。

❷ 抽出条件(ここでは「B」のチェックをオン)を指定します。

❸ [OK]をクリックします。

> **MEMO　フィルターボタン**
> フィルターボタンが表示されていない場合は、テーブル内をクリックし、[テーブルデザイン]タブの[フィルターボタン]をクリックします。

❹ 抽出結果が表示されます。

COLUMN

集計行を表示する

[テーブルデザイン]タブの[集計行]をクリックすると、テーブルの下に集計行が表示されます。集計行から、集計結果を表示するフィールドをクリックし、集計方法を選択すると、SUBTOTAL関数の計算式が追加されて集計結果が表示されます。データの抽出条件を変更すると、集計結果も変わります。

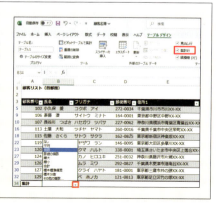

195

081 表の先頭行や列を固定表示する

ウィンドウ枠を固定する

縦長のリストや横長のリストを扱うとき、画面を大きくスクロールすると、リストの見出しが見えなくなってしまいます。しかし、見出しを見るために何度もスクロール操作を繰り返すのは面倒です。そんなときは、常にリストの見出しのフィールド名が見えるようにウィンドウ枠を固定して利用しましょう。上の見出しだけを固定するには、見出しの下の行を選択した状態、左の見出しだけを固定するには、見出しの右の列を選択した状態、上と左の両方の見出しを固定したい場合は、上と左の見出しが交差する右下のセルをクリックした状態でウィンドウ枠を固定します。ここでは、上と左の見出しが固定されるようにします。

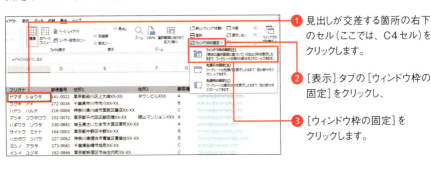

1. 見出しが交差する箇所の右下のセル（ここでは、C4セル）をクリックします。
2. ［表示］タブの［ウィンドウ枠の固定］をクリックし、
3. ［ウィンドウ枠の固定］をクリックします。

4. 画面を下方向や右方向にスクロールします。上と左の見出しは固定された状態になります。

 上や左の見出しを固定する

3行目までを固定するには、4行目全体を選択した状態でウィンドウ枠を固定します。また、A列を固定するには、B列を選択した状態でウィンドウ枠を固定します。

 ウィンドウ枠の固定を解除する

ウィンドウ枠の固定を解除するには、［表示］タブの［ウィンドウ枠の固定］をクリックし、［ウィンドウ枠固定の解除］をクリックします。

ウィンドウを分割する

大きなリストを扱うとき、リストの離れた場所にある箇所を見比べるには、ウィンドウを分割し、それぞれのウィンドウにデータを表示する方法があります。上下に分割するときは分割する行の下、左右に分割するときは分割する右の列、4分割するには分割する位置の右下のセルを選択した状態で、ウィンドウを分割します。

なお、ウィンドウを分割すると、分割した位置にグレーのバーが表示されます。グレーのバーをドラッグすると、分割位置を変更できます。また、分割したウィンドウに表示する内容を指定するスクロールバーが表示されます。スクロールバーをドラッグして表示位置を調整しましょう。ここでは、ウィンドウを上下に分割します。

❶ ウィンドウを分割する位置の下の行を選択します。

❷ [表示]タブの[分割]をクリックします。

❸ ウィンドウが分割されます。スクロールバーをドラッグして表示位置を調整します。

> **MEMO 分割を解除する**
>
> ウィンドウの分割を解除するには、[表示]タブの[分割]をクリックします。または、分割された箇所に表示されるグレーのバーをダブルクリックします。

COLUMN

ウィンドウを4つに分割する

ウィンドウを4つに分割した場合は、選択していたセルの左と上に分割バーが表示されます。右と下には、分割されたウィンドウのそれぞれの表示内容を指定するスクロールバーが表示されます。

082 重複データを削除する

重複データを削除する

　リスト内に重複するデータがあるときに、重複データを削除したい場合、1つずつ重複データを探す必要はありません。自動で削除する機能を試してみましょう。操作時には、リスト内のどのフィールドのデータが同じだった場合に重複データとみなすかを選択できます。たとえば、顧客番号と氏名が同じデータを重複するデータとみなす、すべてのフィールドが同じデータを重複データとみなすなど指定できます。

　なお、重複データを削除する機能を利用すると、対象のレコードがすぐに削除されます。間違って削除してしまった場合に備えて、事前にファイルをコピーしておくなど、バックアップファイルをとっておきましょう。

　ここでは、「セミナー企画案」の文書を例に紹介します。

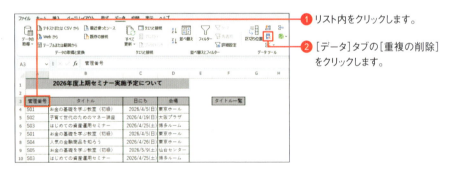

❶ リスト内をクリックします。

❷ [データ]タブの[重複の削除]をクリックします。

❸ どのフィールドの値が同じだった場合に重複データとみなすかを選択します。

❹ [OK]をクリックします。

❺ 重複データが削除されます。[OK]をクリックします。

重複データを省いた内容をほかのセルに表示する

　前のページの方法で重複データを削除すると、リストのデータを直接操作することになります。リストのデータには手を加えずに、重複データを除いたデータをリストとは別の場所に表示するには、UNIQUE関数を使う方法があります。
　ここでは、セミナーのタイトルの列に入力されているタイトルの中から重複するものを除き、データを並べ替えて表示します。

❶ 重複データを除いたデータを表示するセルをクリックします。

❷ 計算式を入力して Enter キーを押します。

❸ 重複データを除くデータが表示されます。

COLUMN

入力した式の内容

ここでは、SORT関数を使い、UNIQUE関数で求めた結果を並べ替えて表示します。これらの関数は、スピル機能に対応した関数で、Excel2021以降で使用できます。なお、SORT関数は、文字データを基準に並べ替える場合、文字コード順で並べ替えます。よみがな順で並べるには、PHONETIC関数でよみがなを表示した列を基準に並べ替えるなどの工夫が必要です。また、並べ替え条件を細かく指定するには、SORTBY関数を使う方法があります。

書式

=UNIQUE(範囲,比較,回数)
　範囲　　もとのリスト範囲などを指定します。
　比較　　行単位の重複データを探す場合は「FALSE」(既定)、列単位の重複データを探す場合は「TRUE」を指定します。
　回数　　重複するデータを除いたデータを表示する場合は「FALSE」(既定)、1つしかないデータを表示する場合は「TRUE」を指定します。

=SORT(範囲,並べ替えの基準,順序,方向)
　範囲　　もとのリスト範囲などを指定します。
　並べ替えの基準　　並べ替えの基準にするフィールドを指定します。たとえば、行単位で並べ替えるとき、左から3列目のフィールドを並べ替えの基準にする場合は、「3」のように指定します。
　順序　　昇順で並べる場合は「1」(既定)、降順で並べる場合は「-1」を指定します。
　方向　　並べ替えの方向を指定します。行単位は「FALSE」(既定)、列単位は「TRUE」を指定します。

083 条件に一致するデータを自動的に強調する

条件に一致するデータを強調する

指定した文字が含まれるデータや、いつからいつまでのデータ、1万円以上のデータなど、指定した条件に一致するデータを強調したいとき、対象のデータを1つずつ探して書式を設定する必要はありません。条件付き書式を設定し、自動的に書式が設定されるように指定します。あとからデータの内容が変更されたときも、変更内容に応じて自動的に書式が設定されるので便利です。

ここでは、セミナー一覧の「講師」欄に指定した氏名が入力されているセルを強調します。

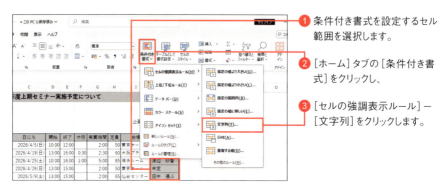

① 条件付き書式を設定するセル範囲を選択します。

② [ホーム]タブの[条件付き書式]をクリックし、

③ [セルの強調表示ルール]－[文字列]をクリックします。

④ [次の文字列を含むセルを書式設定]の欄をクリックし、条件として指定する文字を入力します。

⑤ 書式の内容を選択します。

⑥ [OK]をクリックします。

⑦ 条件に一致するデータが強調されます。

条件の指定方法を知る

　条件付き書式を設定するときの条件の指定方法には、さまざまな方法があります。セルに入力されているデータの種類に合わせて一覧から選択しましょう。指定したい条件が一覧にない場合は、[新しいルール]をクリックし、ルールの種類を選択できます。また、設定した条件を変更したい場合は、[ルールの管理]をクリックし、ルールを編集します（203ページ参照）。

　ここでは、定員が60以上のデータを強調します。

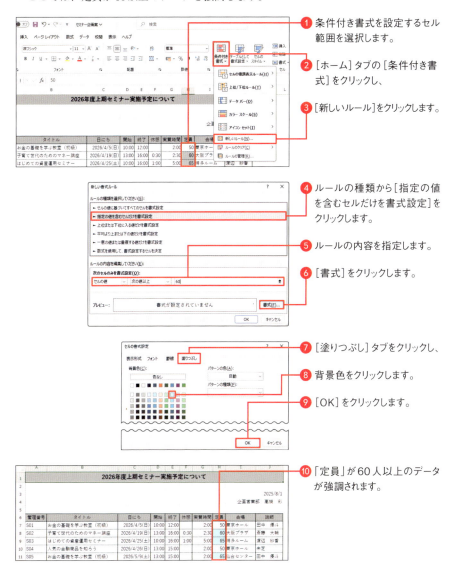

① 条件付き書式を設定するセル範囲を選択します。
② [ホーム]タブの[条件付き書式]をクリックし、
③ [新しいルール]をクリックします。
④ ルールの種類から[指定の値を含むセルだけを書式設定]をクリックします。
⑤ ルールの内容を指定します。
⑥ [書式]をクリックします。
⑦ [塗りつぶし]タブをクリックし、
⑧ 背景色をクリックします。
⑨ [OK]をクリックします。
⑩ 「定員」が60人以上のデータが強調されます。

084 条件に一致するデータの行全体を強調する

条件に一致するデータの行全体を強調する

　条件付き書式を設定するとき、指定した条件に一致するセルだけでなく、そのセルを含むレコードをひと目で把握できるようにするには、行全体が目立つように設定する方法があります。条件は、リスト全体を選択している状態で、数式を利用して、アクティブセルを基準に設定します。数式作成時のポイントは、条件判断の基準の列を指定するときに、列番号の前に「$」を入力し、その参照元の列がずれないようにすることです。
　ここでは、セミナー一覧から「会場」が「東京ホール」のセミナーの行を目立たせます。

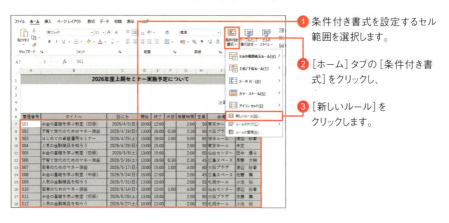

❶ 条件付き書式を設定するセル範囲を選択します。
❷ [ホーム]タブの[条件付き書式]をクリックし、
❸ [新しいルール]をクリックします。

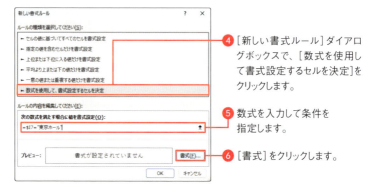

❹ [新しい書式ルール]ダイアログボックスで、[数式を使用して書式設定するセルを決定]をクリックします。
❺ 数式を入力して条件を指定します。
❻ [書式]をクリックします。

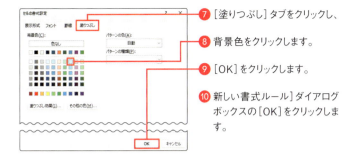

7 [塗りつぶし]タブをクリックし、

8 背景色をクリックします。

9 [OK]をクリックします。

10 [新しい書式ルール]ダイアログボックスの[OK]をクリックします。

11 条件に一致するデータの行全体に書式が設定されます。

COLUMN

ルールを編集する

条件付き書式のルールの内容を確認したり、編集したりするには、条件付き書式が設定されているセル範囲を選択し、[ホーム]タブの[条件付き書式]-[ルールの管理]をクリックします。[条件付き書式ルールの管理]ダイアログボックスで、条件付き書式のルールを選択し、[ルールの編集]をクリックします。[書式ルールの編集]ダイアログボックスで内容を指定します。

085 データの大きさの違いを棒の長さで表す

データの大きさを棒の長さで表示する

　条件付き書式の中には、条件に一致するセルに単に書式を設定するのではなく、データの大きさを棒グラフのような見た目で表示するデータバーというものがあります。データバーを表示すると、データの大きさが視覚的にわかりやすく表示されるので、数値をかんたんに比較できます。

　ここでは、「売上集計報告書」の文書を例に紹介します。デザインのテーマは「イオン」にしています。

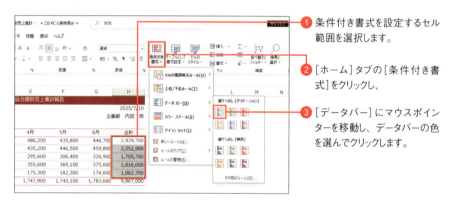

❶ 条件付き書式を設定するセル範囲を選択します。

❷ [ホーム]タブの[条件付き書式]をクリックし、

❸ [データバー]にマウスポインターを移動し、データバーの色を選んでクリックします。

❹ データバーが表示されます。

条件を変更する

　条件付き書式のデータバーでも、データバーを表示する条件のルールを変更できます。ここでは、200万円以上の数値が入力されているセルにデータバーが表示されるように、データバーを表示する最小値を指定します。なお、最小値を超える数値が入力されているセルが無い場合や、数値の大きさが極端に異なる場合などは、思うようにはデータバーが表示されないこともあるので注意します。

1. 条件付き書式が設定されているセル範囲を選択します。
2. [ホーム]タブの[条件付き書式]をクリックし、
3. [ルールの管理]をクリックします。

4. 条件付き書式のルールをクリックします。
5. [ルールの編集]をクリックします。

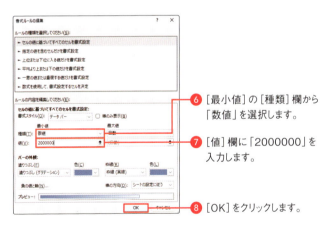

6. [最小値]の[種類]欄から「数値」を選択します。
7. [値]欄に「2000000」を入力します。
8. [OK]をクリックします。

9. データバーの表示が変わります。

086 データの大きさに応じてアイコンを表示する

データの大きさをアイコンの違いで表示する

条件付き書式のアイコンセットを使用すると、データの大きさに応じて絵文字のようなアイコンを表示できます。アイコンの形や色の違いで数値の大きさの違いがわかるので、数値の傾向や推移などを瞬時に認識できて便利です。

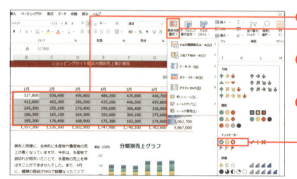

❶ 条件付き書式を設定するセル範囲を選択します。

❷ [ホーム] タブの [条件付き書式] をクリックし、

❸ [アイコンセット] にマウスポインターを移動し、アイコンの種類を選んでクリックします。

❹ アイコンが表示されます。

> **MEMO カラースケール**
>
> 条件付き書式のカラースケールを利用すると、数値の大きさによってセルを色分けできます。数値の傾向や推移を色の違いで把握できます。

条件を変更する

アイコンを表示する条件のルールを変更してみましょう。ここでは、40万円以上の数値のセルに、20万円～40万円未満の数値のセルに、20万円未満の数値のセルにのアイコンが表示されるように指定します。

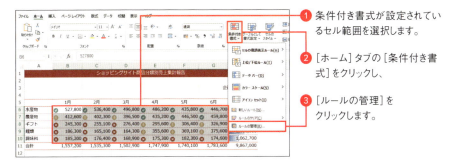

① 条件付き書式が設定されているセル範囲を選択します。

② [ホーム]タブの[条件付き書式]をクリックし、

③ [ルールの管理]をクリックします。

④ 条件付き書式のルールをクリックします。

⑤ [ルールの編集]をクリックします。

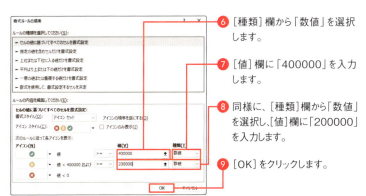

⑥ [種類]欄から「数値」を選択します。

⑦ [値]欄に「400000」を入力します。

⑧ 同様に、[種類]欄から「数値」を選択し、[値]欄に「200000」を入力します。

⑨ [OK]をクリックします。

⑩ 40万円以上の数値は ✓ 、20万円〜40万円未満は ! 、20万円未満は ✕ が表示されます。

アイコンの順序を逆にする

数値が小さいほうが高い評価になる場合は、[書式ルールの編集]ダイアログボックスで、[アイコンの順序を逆にする]をクリックします。すると、アイコンスタイルの並び順が逆になります。

COLUMN

Excelで使用できる集計機能を活用する

この章では、リストのデータを並べ替えたりデータを抽出したりする方法を紹介しましたが、Excelを利用すれば、リスト形式で集めた膨大なデータを瞬時に集計表の形に整えることなどもできます。既に存在している顧客データや売上データなどのデータをExcelで使用するには、Power Queryの機能を利用する方法があります。さまざまな形式のデータを、集計できる形に整えて読み込めます。また、読み込んだデータを集計表の形にするには、ピボットテーブルの機能を利用する方法があります。データに潜む事実を把握するのに役立ちます。

Power Queryを使うと、既存のデータを読み込むことができます。

ピボットテーブルを使うと、データを集計表の形にまとめられます。

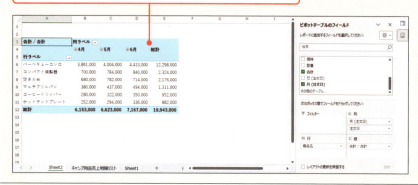

208

第6章

Excelで作成した
文書の印刷の技

087 表を拡大して印刷する

拡大／縮小の設定をする

　Excelの標準表示モードでは、用紙の区切りや余白が明確に表示されていないため、印刷したときのイメージがわかりづらいものです。印刷前には、必ず、Backstageビューで印刷イメージを確認してから印刷を行いましょう。綺麗に印刷するために、必要に応じて印刷時の設定を行います。たとえば、表を大きく拡大して印刷するには、拡大縮小印刷の設定を行います。表の横幅をページの幅に合わせて自動的に縮小する方法などもあります（85ページMEMO参照）。

　ここでは、「出店企画案」の文書を例に紹介します。デザインのテーマは「インテグラル」にしています。

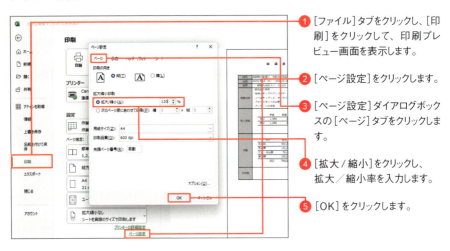

1. [ファイル]タブをクリックし、[印刷]をクリックして、印刷プレビュー画面を表示します。
2. [ページ設定]をクリックします。
3. [ページ設定]ダイアログボックスの[ページ]タブをクリックします。
4. [拡大/縮小]をクリックし、拡大／縮小率を入力します。
5. [OK]をクリックします。

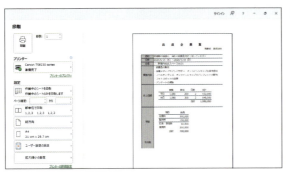

6. 変更後の印刷イメージが表示されます。

088 表を用紙の中央に印刷する

ページの中央に印刷する

　印刷対象の表の大きさが小さい場合には、通常、用紙の左上隅に寄って印刷されます。前のSectionのように表を拡大して印刷することもできますが、表の大きさはそのままにして、用紙の幅や高さに対して中央に配置して印刷することもできます。[ページ設定]ダイアログボックスの[余白]タブの[ページ中央]欄で指定しましょう。「水平」をクリックすると、ページの横幅に対して表などが中央に配置されます。「垂直」をクリックすると、ページの高さに対して表などが中央に配置されます。「水平」と「垂直」の両方をクリックした場合は、用紙の中央に配置されます。

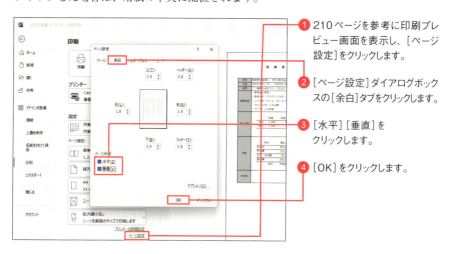

1. 210ページを参考に印刷プレビュー画面を表示し、[ページ設定]をクリックします。
2. [ページ設定]ダイアログボックスの[余白]タブをクリックします。
3. [水平][垂直]をクリックします。
4. [OK]をクリックします。

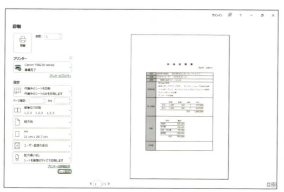

5. 表が用紙の中央に配置されます。

> **MEMO 印刷を実行する**
> 印刷イメージを確認する画面で、印刷を実行できます。利用するプリンターを確認して、印刷部数などを指定したあとに、[印刷]をクリックします。

089 一部だけを印刷する

印刷範囲を設定する

印刷をするときは、通常、シート内に表示されている内容全体が印刷対象になります。シート内の表の一部分のみ印刷するには、主に2つの方法があります。1つ目は、印刷範囲を設定する方法です。いつも同じ部分のみを印刷する場合は、印刷範囲を設定すると便利です。2つ目は、選択した範囲を印刷する方法です。一時的に指定した範囲を印刷する場合は、この方法を使うとよいでしょう。印刷時には、印刷の対象を確認してから印刷を行います。

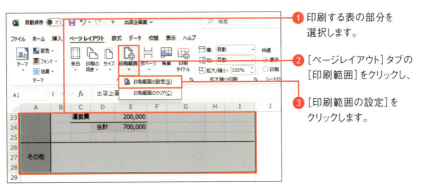

① 印刷する表の部分を選択します。

② [ページレイアウト] タブの [印刷範囲] をクリックし、

③ [印刷範囲の設定] をクリックします。

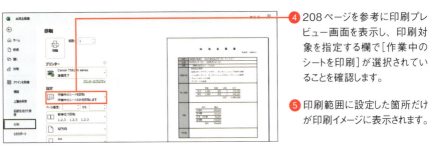

④ 208ページを参考に印刷プレビュー画面を表示し、印刷対象を指定する欄で [作業中のシートを印刷] が選択されていることを確認します。

⑤ 印刷範囲に設定した箇所だけが印刷イメージに表示されます。

> **MEMO** 印刷範囲をクリアする
>
> 印刷範囲を解除するには、手順❷の画面で [印刷範囲のクリア] をクリックします。

選択範囲を印刷する

　印刷範囲の設定に関わらず、一時的に、選択したセル範囲だけを印刷することもできます。その場合、最初に、印刷対象のセルを選択した状態で操作します。

❶ 印刷したい箇所を選択します。

❷ 208ページを参考に印刷プレビュー画面を表示し、[作業中のシートを印刷]をクリックし、

❸ [選択した部分を印刷]をクリックします。

> **MEMO ほかのシートも印刷する**
>
> [作業中のシートを印刷]をクリックし、[ブック全体を印刷]をクリックすると、ほかのシートにある表なども印刷対象になります。ただし、印刷範囲が設定されているシートは、印刷範囲の部分しか印刷されないので注意します。

❹ 選択していた箇所が印刷イメージに表示されます。

― COLUMN ―

印刷範囲が表示されない

印刷イメージに印刷範囲が表示されない場合は、印刷の対象が[作業中のシートを印刷]になっているかを確認します。また、[作業中のシートを印刷]をクリックし、[印刷範囲を無視]がクリックされている場合は、印刷範囲の設定が無視されます。印刷範囲を設定しているのに、印刷範囲以外が印刷イメージに表示されている場合は、設定を確認しましょう。

090 2ページ目以降にも表の見出しを印刷する

印刷イメージを確認する

縦長のリストなどを印刷するとき、ページが複数ページに分かれると、2ページ目以降には表の先頭の見出しが表示されないため、どの項目のデータなのかが分からずに見づらくなってしまいます。2ページ目以降にも表の見出しを表示するには、印刷タイトルを設定します。まずは、印刷イメージを確認してから設定を変更しましょう。

ここでは、「売上明細リスト」の文書を例に紹介します。

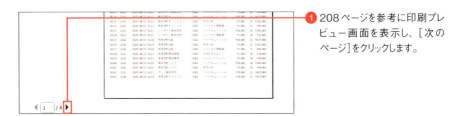

❶ 208ページを参考に印刷プレビュー画面を表示し、[次のページ]をクリックします。

❷ 2ページ目が表示されますが、2ページ目には、見出しが表示されません。

❸ ここをクリックすると、213ページの画面が表示されます。

> **MEMO タイトル行が表示されない**
>
> 印刷プレビューの画面で[ページ設定]をクリックすると、[ページ設定]ダイアログボックスが表示されますが、印刷プレビューの画面から[ページ設定]ダイアログボックスを表示した場合は、印刷タイトルの設定はできません。[タイトル行]や[タイトル列]欄がグレーになっている場合は、次のページの方法で、[ページ設定]ダイアログボックスを表示します。

印刷タイトルを設定する

印刷したときに、すべてのページに表のタイトルと見出しが表示されるようにします。それには、印刷タイトルを指定します。ここでは、印刷タイトルのタイトル行に、1行目から3行目までを設定します。

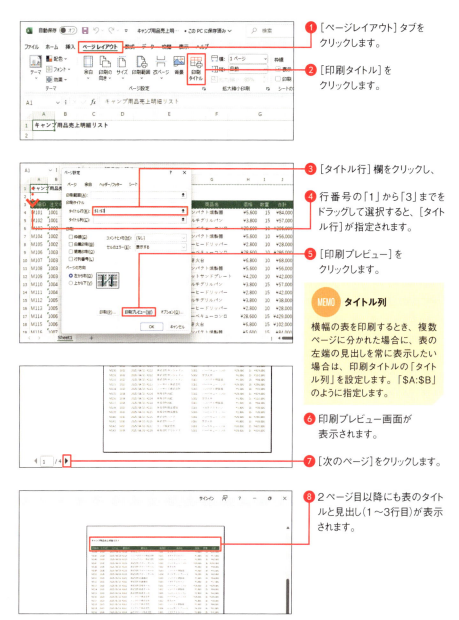

① [ページレイアウト] タブをクリックします。

② [印刷タイトル] をクリックします。

③ [タイトル行] 欄をクリックし、

④ 行番号の「1」から「3」までをドラッグして選択すると、[タイトル行] が指定されます。

⑤ [印刷プレビュー] をクリックします。

MEMO タイトル列

横幅の表を印刷するとき、複数ページに分かれた場合に、表の左端の見出しを常に表示したい場合は、印刷タイトルの「タイトル列」を設定します。「$A:$B」のように指定します。

⑥ 印刷プレビュー画面が表示されます。

⑦ [次のページ] をクリックします。

⑧ 2ページ目以降にも表のタイトルと見出し(1～3行目)が表示されます。

091 改ページ位置を指定する

改ページ位置を調整する

　複数ページにわたる文書を印刷するときは、中度半端なところでページが分かれてしまうことが無いように、改ページ位置にも注意しましょう。改ページプレビュー表示に切り替えると、改ページ位置がひと目でわかります。改ページ位置を調整したり、改ページの指示を追加したりすることもできます。必要に応じて設定を行います。
　ここでは、「アンケート結果報告書」の文書を例に紹介します。デザインのテーマは「スライス」にしています。ページの余白は「狭く」に設定しています。

❶ [表示] タブをクリックし、

❷ [改ページプレビュー] をクリックします。

❸ 改ページプレビュー表示に切り替わります。改ページ位置を示す青い点線をドラッグします。

MEMO 縦の改ページ位置

縦の改ページ位置を変更するには、縦の改ページ位置を示す青い線を左右にドラッグします。

❹ 改ページ位置が変わります。

MEMO 改ページプレビュー

改ページプレビュー表示では、印刷される部分と印刷されない部分、改ページの位置などを確認できます。

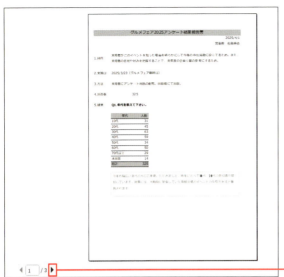

❺ 208ページを参考に印刷プレビュー画面を表示し、改ページ位置を確認します。

❻ [次のページ]をクリックします。

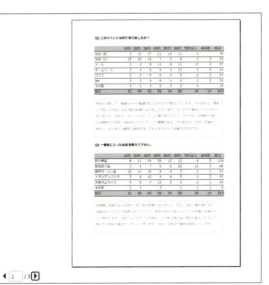

❼ 次のページが表示されます。

--- COLUMN ---

改ページの追加と削除

改ページ位置を追加するには、改ページを追加する位置の下の行（列の場合は右の列）を選択し、[ページレイアウト]タブの[改ページ]→[改ページの挿入]をクリックします。改ページ位置を解除するには、改ページを追加する位置の下の行（列の場合は右の列）を選択し、[ページレイアウト]タブの[改ページ]→[改ページの解除]をクリックします。

092 ヘッダーやフッターに日付などを表示する

ヘッダーやフッターを指定する

　文書を印刷するとき、用紙の上下の余白に文書の情報や日付、ページ番号などを表示するには、ヘッダーやフッターの設定を行います。ここでは、印刷イメージを確認しながら文書を編集できるページレイアウト表示に切り替えて設定を行います。ヘッダーやフッターは、それぞれ左、中央、右の欄に情報を表示できます。表示する欄をクリックして内容を指定しましょう。

　なお、ヘッダーやフッターに、現在の日付やページ番号などを自動的に表示するには、日付やページ番号などを直接入力するのではなく、決まった命令文を入力して指定します。よく使う命令文は、[ヘッダーとフッター]タブに表示されるボタンで入力できます。命令文を使って指定することで、常に今日の日付を表示したり、ページ数が増えたときに、自動的に正しいページ数を更新して表示したりできます。

　ここでは、ヘッダーに今日の日付、フッターにページ番号と総ページ数が「1/3」「2/3」「3/3」のように表示されるようにします。

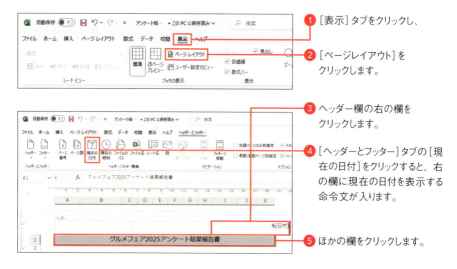

① [表示]タブをクリックし、
② [ページレイアウト]をクリックします。
③ ヘッダー欄の右の欄をクリックします。
④ [ヘッダーとフッター]タブの[現在の日付]をクリックすると、右の欄に現在の日付を表示する命令文が入ります。
⑤ ほかの欄をクリックします。

> **MEMO　指定した日付を表示する**
> 常に同じ日付を表示するには、ヘッダーやフッターの欄をクリックし、「2025/4/1」のように、日付を直接入力します。

⑥ 今日の日付が表示されます。

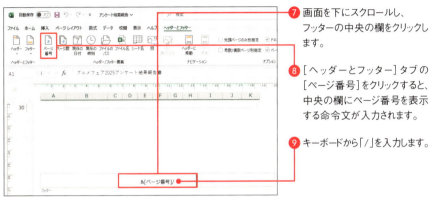

⑦ 画面を下にスクロールし、フッターの中央の欄をクリックします。

⑧ [ヘッダーとフッター] タブの [ページ番号] をクリックすると、中央の欄にページ番号を表示する命令文が入力されます。

⑨ キーボードから「/」を入力します。

⑩ [ページ数] をクリックすると、続けて総ページ数を表示する命令文が入力されます。

⑪ ほかの欄をクリックします。

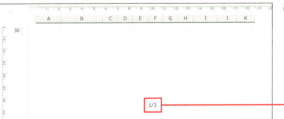

⑫ ページ番号とページ数が「/」で区切って表示されます。

> **MEMO　ヘッダーやフッターの情報を削除する**
>
> ヘッダーやフッターの情報を削除するには、ヘッダーやフッター欄に入力した内容を削除します。または、[ヘッダーとフッター] タブの [ヘッダー] や [フッター] をクリックし、「(指定しない)」をクリックします。

093 余白を調整する

余白の位置を指定する

　文書を印刷するとき、用紙の幅や高さに収まらずに少しだけはみ出してしまう場合は、余白位置を狭くすることで収められるケースがあります。特に指定しない場合、標準の余白サイズが設定されています。余白位置は、「狭い」「広い」を選択する方法のほか、上下左右の余白を個別に指定する方法があります。

　また、大きい表を用紙に収めるには、縮小して印刷する方法もあります。用紙の幅や高さに収まるように自動的に縮小する方法は、221ページの下のCOLUMNを参照してください。また、縮小率を指定する方法は、210ページを参照してください。

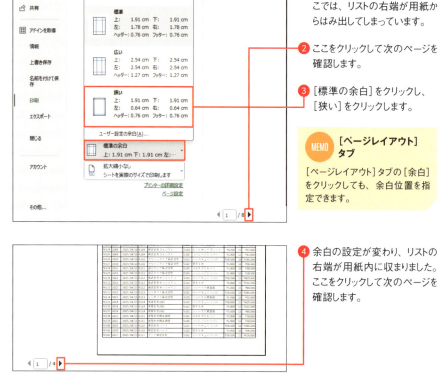

① 208ページを参考に印刷プレビュー画面を表示し、印刷プレビュー画面を表示します。ここでは、リストの右端が用紙からはみ出してしまっています。

② ここをクリックして次のページを確認します。

③ ［標準の余白］をクリックし、［狭い］をクリックします。

> **MEMO** ［ページレイアウト］タブ
>
> ［ページレイアウト］タブの［余白］をクリックしても、余白位置を指定できます。

④ 余白の設定が変わり、リストの右端が用紙内に収まりました。ここをクリックして次のページを確認します。

COLUMN

上下左右の余白位置を調整する

印刷プレビューの画面で［ページ設定］をクリックすると表示される［ページ設定］ダイアログボックスの［余白］タブで、上下左右の余白位置を数値で指定できます。［ヘッダー］欄では、用紙の上端からヘッダーの文字までの距離、［フッター］欄では、用紙の下端からフッターの文字までの距離を指定できます。

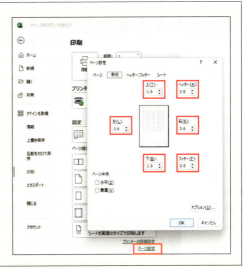

COLUMN

列や行を用紙に自動的に収める

文書の幅や高さが用紙からはみ出してしまう場合、余白を変更して調整する方法がありますが、列や行を自動的にページの幅や高さに合わせて自動的に縮小して納める方法もあります。たとえば、縦長の表を印刷するとき、表の右端が用紙から少しあふれてしまう場合、表の横幅を用紙の幅に収めるには、印刷プレビューの画面で［拡大縮小なし］をクリックし、［すべての列を1ページに印刷］をクリックします。また、表が用紙の幅や高さに対して一回り大きい場合、とにかく1ページに収めたい場合は、［シートを1ページに印刷］をクリックすると、1ページ内に収められます（84ページ参照）。

索引

アルファベット

ActiveX コントロール	174
Copilot	138
NETWORKDAYS 関数	163
PDF	80
PHONETIC 関数	180
ROUNDDOWN 関数	147
ROUNDUP 関数	147
ROUND 関数	147
SmartArt	122
SORT 関数	199
SUM 関数	148
TODAY 関数	66
UNIQUE 関数	199
VLOOKUP 関数	154
XLOOKUP 関数	151

あ行

アート効果	103
アイコン	106
アクセシビリティチェック	75
印刷	82
印刷プレビュー	22
インデント	55, 115
上書き保存	76
エラー	156, 179
円グラフ	126
押印欄	96
オートコンプリート	33
オートフィル	184
折れ線グラフ	134

か行

改ページ	23
改ページ位置	216
箇条書き	48
画像	100
画像のスタイル	102
関数	36
記号	120
行頭文字	114
均等割り付け	54
グラフ	124
計算式（数式）	34
罫線	72
桁区切り	67
ゴシック体	58

さ行

算術演算子	35
シートのコピー	160
シートの保護	159
消費税	146
シリアル値	63
図形の透明度	116
ストック画像	104
スパークライン	136
スピル	37
スペルチェック	74
絶対参照	35
セル	24
セルのロック	158
相対参照	35

INDEX

た行

縦書き	94
段組み	111
テーブル	194
テーマ	98
テキストボックス	108
テンプレート	78
等幅フォント	58
特殊文字	121

な行

名前を付けて保存	76
並べ替え	190
日本語入力モード	170
入力規則	32

は行

パスワード	172
比較演算子	36
表示モード	20
複合参照	35
フッター	218
フラッシュフィル	33, 189
ふりがな	180
ページ設定	83
ヘッダー	218
棒グラフ	130

ま行

右揃え	52
明朝体	58

や行

ユーザー設定リスト	31
郵便番号	182
用紙の向き	43
余白	220

ら行

両端揃え	53
リンク	70

わ行

ワードアート	118
和暦	62

お問い合わせについて

本書に関するご質問については、本書に記載されている内容に関するもののみとさせていただきます。本書の内容と関係のないご質問につきましては、一切お答えできませんので、あらかじめご了承ください。また、電話でのご質問は受け付けておりませんので、必ずFAXか書面にて下記までお送りください。
なお、ご質問の際には、必ず以下の項目を明記していただきますようお願いいたします。

1. お名前
2. 返信先の住所またはFAX番号
3. 書名（今すぐ使えるかんたんbiz
   Excel文書作成　効率UPスキル大全）
4. 本書の該当ページ
5. ご使用のOSとソフトウェア
6. ご質問内容

なお、お送りいただいたご質問には、できる限り迅速にお答えできるよう努力いたしておりますが、場合によってはお答えするまでに時間がかかることがあります。また、回答の期日をご指定なさっても、ご希望にお応えできるとは限りません。あらかじめご了承くださいますよう、お願いいたします。

● お問い合わせの例

1. お名前
   技術 太郎
2. 返信先の住所またはFAX番号
   03 - ×××× - ××××
3. 書名
   今すぐ使えるかんたんbiz
   Excel文書作成
   効率UPスキル大全
4. 本書の該当ページ
   100ページ
5. ご使用のOSとソフトウェア
   Windows 11
   Excel 2021
6. ご質問内容
   結果が正しく表示されない

※ ご質問の際に記載いただきました個人情報は、回答後速やかに破棄させていただきます。

問い合わせ先

〒162-0846
東京都新宿区市谷左内町21-13
株式会社技術評論社　書籍編集部
「今すぐ使えるかんたんbiz
　Excel文書作成　効率UPスキル大全」質問係
[FAX] 03-3513-6167
[URL] https://book.gihyo.jp/116

今すぐ使えるかんたんbiz Excel文書作成　効率UPスキル大全

2025年5月6日　初版　第1刷発行

著者	門脇 香奈子
発行者	片岡 巌
発行所	株式会社　技術評論社
	東京都新宿区市谷左内町21-13
	電話　03-3513-6150　販売促進部
	03-3513-6160　書籍編集部
製本・印刷	日経印刷株式会社
カバーデザイン	小口 翔平＋畑中 茜 (tobufune)
本文デザイン	今住 真由美 (ライラック)
DTP	五野上 恵美
編集	宮崎 主哉

定価はカバーに表示してあります。

落丁・乱丁がございましたら、弊社販売促進部までお送りください。交換いたします。
本書の一部または全部を著作権法の定める範囲を超え、無断で複写、複製、転載、テープ化、ファイルに落とすことを禁じます。

©2025　門脇香奈子

ISBN978-4-297-14824-9 C3055
Printed in Japan